李韡玲

幸福育兒經驗雜談

分享哺育心得♥擁抱身心健康

天然美顏養生專家
李韡玲 著

萬里機構

推薦序一

創作靈感源源不絕

徐錫漢 醫生

一九九〇年畢業於香港大學醫學院。目前是香港瑪麗醫院副行政總監、急症科部門主管。他也是香港首批臨床毒理專科醫生之一。

多年前，在醫院的一個員工健康講座認識Ling姐，深深被她的開朗、風趣與親和力吸引。原來很多同事都是她的粉絲，除了閱讀她的作品外，也很喜歡使用她研發的有機護膚養生產品。

多年來，Ling 姐為廣大讀者提供了各方面的知識和養分，包括保健養生、有機生活、環保知識等。她的文章實用之餘，亦能輕鬆地帶出很多人生哲理。曾經百思不得其解為何 Ling 姐的知識可以這麼廣博？這幾年有幸和她多一點交流和合作，感覺她有點似古時的孟嘗君，廣交好友，並不時邀請我們作食客。知識、心得和創意，往往就在把酒言歡之間流轉，而 Ling 姐卻能夠將之吸收並轉化為有意義的果實，相信這正是她創作靈感源源不絕的其中原因。

今年二月，Ling 姐榮升祖母，可喜可賀！開心之餘，想必 Ling 姐因心痛兒子及媳婦，因兼顧工作及照顧小朋友而過勞兼睡眠不足，而促成這本新書的面世吧！雖然坊間有很多有關育嬰的工具書，肯定 Ling 姐會從不一樣的角度分析和討論，以及提供實際有用的建議。幫助新手父母之餘，也可能鼓勵更多年青夫婦製造愛情結晶品呢！

推薦序二

一字千粒米

鄭丹瑞

香港著名電台唱片騎師，曾參演廣播劇、電視劇及電影，有「金牌司儀」美譽。近年創辦「健康旦」網上頻道。

有一位同事，她就坐在你辦公桌旁邊，共事了廿多年，你只知道她博學多才、出版界的大姐大，有愛心，重視環保意識，將自己發掘的健康產品毫不吝嗇與人分享，但你卻不認識她，可能嗎？

絕對可能！而且發生在《經濟日報》副刊版。這位我「熟悉但又不認識」的同事，正好是〈依然快樂〉旁邊的專欄作家李韡玲。原來大家都是廿五年前應《經濟日報》副刊老編之邀，差不多同時期開始在這裏寫專欄，是名副其實的左鄰右里。

她有看我的專欄，我當然也有拜讀她的文章。在「健康」這個大題目面前，她絕對是我的前輩，創辦「健康旦」網上平台，也不時從她的文章獲取靈感製作我的健康訪談節目，苦無機會親身跟她說句：「唔該晒」！前陣子在一次浸會舊同學飯局上，終於相認，分明是初相識，但又有種老朋友的感覺；始終是廿幾年的「左鄰右里」嘛！

Ling姐熱情好客，隔天送我她代理的有機野生茶花籽食用油和來自新潟縣的越光米「順風滿帆」，以及她的大作；我還未及回禮，她知道我喜歡那包越光米，又再「安哥」。

我厚着面皮笑問：「何以為報？」

「就幫我的新書寫篇序吧！」是Ling姐的要求。

Ling姐呀Ling姐！這不是回報，是更叫我「受寵若驚」呀！Ling姐的作品，有着她一直堅持的使命感，用文字建構一個身體和心靈健康的世界，人家是一字換千金，這篇五百字的序，是一字換「千粒米」！賺了。

自序

笑容，廣結善緣

朋友說很少很少見我愁眉苦面，總是帶着笑容。他問：「真的咁開心？無憂無慮？」自古有云：人無遠慮必有近憂。意思是，做人，那會無憂無慮呢？所以好笑容，因為有朋友調侃我，一旦面上沒有笑容就像個訓導主任，即是黑面神，誰會喜歡被標籤為「黑面神」呢？所以我盡量保持寬容，而且帶着真摯笑容的臉總是漂亮的，不管你是十歲還是九十歲。

懂得時刻保持笑容的人，必然是放輕鬆的，也比較冷靜，事事好商量，不會事事鑽牛角尖。話說一笑可以解千愁，也是事實，愈是執着愈是不濟，會笑的人都比較豁達。有種因果為「是你的就是你的」，世間事不必強求。盡了力依然得不到，那就認命吧！有種苦稱為「求不得之苦」。明白了，人就釋懷，心花開了，笑容自然掛到面上。

其實我是個脾氣猛烈的人，母親曾責備我沒有修養，所以仍在不斷學習、反省。笑容可以幫助我平心靜氣，不太執着，也結交了許多益友。

Ling

目錄

CHAPTER 2

母嬰身心靈，健康喜樂

CHAPTER 3

照顧自己，多一點

CHAPTER 4 無時無刻，保持正念

CHAPTER 1

專家好友♥育兒分享

育兒，是一條漫長之路。

為了解決新手父母的育兒疑難，特別邀請多位專家，如：婦產科醫生、過敏症專科醫生、X光專科醫生、註冊營養師、校長、資深童書出版人及法律博士，由懷孕飲食、坐月養生、嬰兒照料、產婦心理調整，到兒童培育各方面，提出全面性的育兒心得，新手父母掌握箇中要點，能輕鬆走過育兒路。

準媽媽「一人吃兩份」？

蔡詩雅
香港中文大學內外全科醫學士、英國皇家婦產科醫學院院士、香港婦產科醫學院院士、香港醫學專科學院院士（婦產科）

懷孕期間，長輩們都會叫準媽媽吃多點、補多點，「你不吃肚裏的寶寶也要吃」。究竟，懷孕後是否真的要「一人吃兩份」呢？

其實，懷孕後每天需要額外二百八十五卡路里（懷孕中期）至四百七十五卡路里（孕後期），並不是要吃兩人份。懷孕期間準媽媽要飲食均衡，攝取足夠營養。只要保持良好健康狀態，就能給胎兒一個理想的環境發育。

懷孕首三個月，額外所需的熱量較少，加上不少準媽媽都有噁心及嘔吐，所以首三個月的體重未必有顯著增加，平均只有零點五至兩公斤的體重增加。對於孕吐，孕婦可以採取以下措施——少吃多餐；選擇一些清淡易消化的食物（如乾身、低脂、含豐富碳水化合物的食物——麵包、餅乾、飯、麵、薯蓉）；避免吃一些刺激性或油膩的食物。

懷孕第四個月開始，熱量和蛋白質的需求增加，亦須增加攝取足夠鐵、鋅、鈣和奧米加三脂肪酸。這段時間每星期平均增加約零點四至零點五公斤，準媽媽應選擇吃多樣化和營養豐富的食物。碳水化合物方便，孕媽媽可選擇糙米、紅米、全麥麵包，代替部分白米、白麵包。一來可以增加飽腹感，二來亦有助減少便秘。至於蛋白質，除了肉類、魚、蛋之外，豆類製品也是蛋白質的來源。乾豆含豐富葉酸、鐵質和食用纖維。準媽媽盡量多吃不同顏色及種類的蔬菜水果，以攝取不同的維他命和礦物質，例如深綠色蔬菜有鐵、鈣、葉酸；車厘茄、紅蘿蔔、南瓜含豐富的胡蘿蔔素。

不少準媽媽會問：「懷孕期間是否必須每天飲兩杯牛奶？」對於一些有乳醣不耐症的準媽媽，喝牛奶會導致腸胃不適和肚瀉。其實除了牛奶，也有不少含豐富鈣質的食物可選擇——乳酪、芝士、加鈣豆奶、板豆腐、豆腐花、芝麻、罐頭連骨沙甸魚、菜心及芥蘭等等。

另一個常見的問題是：「孕婦需要戒口嗎？」孕婦應該避免以下四類食品——酒精飲品；水銀含量較高的魚類；未經煮熟的食物（如海產、肉類和生雞蛋）；及未經巴士德消毒法處理的奶類製品（如軟芝士、軟雪糕）。酒精會妨礙胎兒發育和影響智力；水銀會損害胎兒的神經系統。未經煮熟的食物有機會含大腸桿菌、沙門氏菌等，可導致嚴重腸胃炎，嚴重可引發早產。未經巴士德消毒法處理的奶類製品可能暗藏李斯特菌，孕婦染病後可能只有輕微類似流感病徵，有時甚至毫無徵狀；但李斯特菌可通過胎盤傳染給胎兒，引致流產、早產、嬰兒出生體重過輕、甚至夭折。因此，雖然西醫甚少著人戒口，但準媽媽應盡量避免以上四類高危食品。

孕婦可以喝咖啡或茶嗎？不少都市人習慣每個早上喝一杯咖啡或奶茶提提

神。美國、英國及澳洲等國際指引建議，孕婦每天不攝取多於二百毫克咖啡因，可換算成一至兩杯特濃咖啡或三杯即溶咖啡或四杯茶。不要忘記有些有汽飲品或能量飲品也含咖啡因呢！最後建議孕婦少吃高熱量、營養價值低的食物，包括汽水、加糖飲料、雪糕、糖果、蛋糕等等……

哪種孕婦補充劑最好？市面上的孕婦維他命，大部分都是多種維他命。準媽媽可以視乎每款的成分、維他命丸的大小、價格等等而選擇。

一般孕婦需要：

葉酸：四百微克至八百微克

維他命D：十微克（四百IU）

鈣：一千毫克

碘：二百五十微克

要注意葉酸不應多於一毫克，高劑量的葉酸（五毫克）是給特別的群組（BMI>35；有糖尿病；正服用癲癇藥物等人士）。

兩代人，兩種際遇：不一樣的「坐月」媽媽

開心、安心 Vs 擔心、操心

何佩芳 校長
嘉諾撒聖家學校

現代父母，有學識，有計劃。打從有生育的念頭起，就會從不同途徑搜集資料，做足功夫迎接小寶寶的誕生。

兩代人，兩種際遇，我和媳婦有不一樣的「坐月」經歷！回想初為人母時，

沒有經驗，沒有互聯網，更沒有「陪月姨姨」的專業照顧！因缺乏育嬰知識，又要獨自照顧初生嬰兒，時常弄至手忙腳亂，身心俱疲，終日焦慮不安！記得有一次餵奶時不禁落淚，感覺好孤單、很不開心！及後二女兒出生，憑着之前的經驗，加上外傭姐姐的幫忙，心情放鬆了不少。

感恩！我和外子有兩個精靈可愛的孫女：大孫女三歲，細孫女三個月大。感恩！媳婦兩次「坐月」聘得同一位「陪月姨姨」照顧自己和女兒，做個開心、安心的「坐月」媽媽！

陪月姨姨富經驗又有愛心，常常發放正能量。每天除了細心照顧媳婦和小孫女外，又會煮飯煲湯，讓一家大小飽嘗美食，亞仔也因此增磅不少。此外，她又會和媳婦聊天、幫她減壓；更會陪大孫女玩，教她當個好姐姐。

十分欣賞媳婦和大兒子的合作和承擔。陪太太做產檢、覆診、閱讀育兒書籍、購買嬰兒用品、聘請工人姐姐和陪月姨姨等。小倆口四年間迎接兩個小寶寶，要育兒、教兒、養兒，一點也不容易！雖然間中各有不同意見，幸好彼此合作、互相體諒、又得到雙方家人支持及幫忙，縱使面對不少挑戰和困難，仍能安然度過。

從事教育工作三十九年，接觸過不同類型的家長和小朋友。為人父母都想子女成才，惟父母的脾性、情緒、態度和教養方式直接影響子女的人格和群性發展。父母的陪伴、接納、鼓勵和啟發促使子女成為一個有愛心、懂思考及敢於嘗試的好孩子。

媳婦天生樂觀、有耐性，常陪同女兒從遊戲中學習。大孫女好發問、敢嘗試、守規矩。大兒子樂於分擔工作：包括替女兒洗澡、換片、餵奶、看醫生以至戶外玩樂等，孫女樂於和爸爸一起，父女情深。小孫女雖然只有三個月大，但已懂得以「微笑」回應親友，逗得眾人樂呵呵！每當大兒子走近時，她不但笑得燦爛，小眼睛還會跟隨着爸爸的身影移動，難捨難離！

成為父母是一份福氣，要珍惜、要感恩。祝願天下父母都能讓子女感受到滿滿的愛和緊密的連繫。「新手」媽媽、爸爸，加油呀！

主動出擊，預防和治療敏感症！

蔡宇程 醫生

畢業於香港大學李嘉誠醫學院，並於瑪麗醫院接受兒科專科培訓。曾任香港大學李嘉誠醫學院兒童及青少年科學系臨床助理教授，並在加拿大溫哥華卑詩省兒童醫院深造過敏學。回港後致力推動兒童食物敏感的預防和治療。蔡醫生現時是兒童免疫、過敏及傳染病科專科醫生，於仁安醫院擔任過敏中心副總監，並兼任香港大學榮譽臨床助理教授及香港大學深圳醫院兒科醫學部榮譽副顧問。

過敏症，包括濕疹、食物敏感、哮喘及鼻敏感，在今日全球各地已經愈來愈普遍。而食物敏感是兒童敏感症最常見疾病之一。常見的食物過敏，例如花生、雞蛋、牛奶、小麥、海鮮等等。小朋友如果患上食物敏感，除了必須長時間避開飲食的致敏源外，家長亦會提心吊膽，害怕出外飲食或在學校時，不慎接觸致敏源而出現嚴重的敏感反應。

懷孕期間需要戒食嗎？懷孕的媽媽應該保持健康和均衡的飲食習慣。在二零二二年，美國一項大型研究顯示，懷孕期間能多吃蔬菜和乳酪製品的媽媽，嬰兒患上過敏症的機會較低。而懷孕期間較多攝取油炸食物和純果汁，嬰兒患上過敏症的機會較高。研究團隊估計，懷孕媽媽的飲食有機會影響胎兒的腸臟益菌群，因此懷孕媽媽應該盡量保持健康的飲食習慣。

最近的科學研究顯示，嬰幼兒可以通過提早接觸較常見的過敏的食物（尤其是花生和雞蛋），令身體的免疫系統及早適應，以達致預防食物過敏的效果。因此，我們建議嬰幼兒應從四至六個月大開始進食固體食物，並慢慢加入其他食材如雞蛋、花生、堅果、黃豆類製品等，讓嬰兒提早適應這些食物。

家長為嬰兒引入常見致敏食物時，應該逐款食物嘗試。由少分量開始（如一粒青豆般的分量），然後觀察嬰兒有沒有出現敏感反應。如果嬰兒沒有出現任何敏感症狀，可以逐漸增加分量至兩茶匙以上。到了這個階段，代表嬰兒對該款食物沒有過敏反應。隨後，父母緊記每星期至少有兩至三餐在嬰幼兒餐飲中加入這一款食物，並開始加入另一種食品。

部分嬰兒即使提早攝取常見致敏的食物，亦未能預防食物敏感的出現。家長毋須過分擔心。現時，過敏科醫生可以為小朋友度身計劃食物敏感診斷及治療方案，讓小朋友提早脫離敏感症煩擾。

在常見的雞蛋和牛奶，如果症狀輕微，可以在過敏科醫生的監督和指示下，使用雞蛋和牛奶階梯療法。原理是利用高溫烹調含有少量雞蛋和牛奶的食品，例如鬆餅、曲奇等，每天讓小朋友進食少量，然後慢慢遞增分量。經過大概一年時間，超過半數有雞蛋和牛奶過敏的小朋友都能安然地食用雞蛋和牛奶。至於有花生、堅果、小麥等食物過敏的小朋友，近幾年北美洲的數據顯示六歲以下的小朋友接受低劑量口服脫敏治療，大約九成患者能夠提高對這些食物的耐受程度，高達八成患者甚至可以隨意進食。而過程中絕大部分小朋友都只會出現輕微的過敏反應。

因此，如果小朋友患上食物敏感，家長毋須過分憂慮，只要及早診斷和依足醫生吩咐則正常生活可期。

孕婦如何面對壓力及增強正能量

腹式呼吸及冥想的重要性

黎炳民 醫生
X光診斷科專科醫生
畢業於香港大學醫學院。目前是私人執業。黎醫生是英國皇家攝影學會會士，也是作家。暢銷作品有《幸福人生：一位X光醫生的分享》。

懷孕是天大的喜悅，十分值得慶祝，因為能夠成功懷有愛情結晶是十分難能可貴的。所以大部分孕婦都會懷着喜悅的心情迎接新生命；但孕婦也會面對擔憂小產、早產、嬰兒有先天性缺憾、生產時的痛楚及產後身材轉變等的精神壓力，處理不好，無法釋懷會形成焦慮。該知道抑鬱與恐懼，情緒不穩是有可能提高早產的機率。

由於產後生理激素改變，多達百分之八十的女士曾經在生產後兩天至兩週之間出現情緒失調的情況。約有百分之十的新手媽媽罹患產後憂鬱症。憂鬱症持續的時間從產後兩週到一年不等，產婦可能會覺得氣憤、困惑、恐慌及絕望無助。飲食起居及睡眠狀況也會有很大的變化。她可能會擔心自己做出傷害孩子的事情，也覺得自己快要崩潰，這種極度的焦慮就是產後憂鬱症最主要的症狀。

應對懷孕及產後的精神壓力，以及增強正向思想與幸福感，可以從以下幾方面着手：

第一是正向思想練習，樂觀，處處往好處想。感恩、自信及自愛。

第二是練習腹式呼吸與冥想。

呼吸有兩種方法。第一是橫隔膜呼吸法或稱為腹部呼吸法。第二種是胸腔呼吸法。

腹部呼吸是當你吸入空氣，橫隔膜降低進而令到腹部隆起。呼氣時腹部下陷，橫隔膜上升使空氣從肺排出來。鍛煉的方法是：躺在床上，手放在肚臍，盡量呼氣令手移開向脊骨的方向，當吸氣時手便被彈上來。學懂用腹部呼吸，每次吸入的氧氣量都會比空腹呼吸多；所以深呼吸的好處是當血含氧量高，皮膚會更加光亮滑溜，腦細胞退化的機會也會少些，又能夠令血壓及心跳降低。當放鬆身體時，可產生平靜效果及恢復自律神經平衡，有減壓的作用及能紓緩生產時痛楚感覺。

練習冥想可以在早上或晚飯後進行，只要在寧靜及不受騷擾的環境便可。關上燈盤坐瑜伽蓆，採用七支坐法。用單跏趺盤坐（左腿在下，右腿在上的金剛坐），脊骨挺直，肩膀平，拇指尖輕觸食指尖，手背放在膝頭上，又可結手印，兩手環結在丹田（肚臍下四齊指），手心向上，右手背平放在左手心，兩大拇指輕相拄（三味印或禪定印）。閉或半閉眼睛，目光定在坐前三至五呎遠處，舌尖抵上顎，頸椎頭部擺正，後腦向后收正，微低頭。略為搖動身體各處達到放鬆舒適的坐姿。放鬆面部肌肉，保持微笑。這坐姿可幫助更容易進入專注而放鬆的心理狀態。其實，坐得舒服便可，不躺下是恐怕容易睡着。

以上希望可以幫助新手媽媽提高幸福感，擁有充滿喜悅的心情迎接新生命的降臨。

中西合璧的坐月飲食

李向明

澳洲認可執業營養師。修畢英屬哥倫比亞大學臨床營養學學士、澳洲雪梨大學臨床營養學碩士。現於仁安醫院擔任營養師。

中國人傳統的坐月飲食文化，有其獨特的智慧。舉個例子，一般老火骨湯其實鈣質並沒有充分地溶入湯水，所以湯水未必能有效地補充鈣質。但薑醋的醋就有助溶化豬骨的鈣，令產婦喝薑醋後，可以有效地補鈣。雖然現代產婦已不需倚靠喝薑醋來補充鈣質，但可見前人的坐月飲食文化有其意義。西方醫學研究亦有文獻指出，產婦在生產後的營養吸收率，比一般婦女高。研究更顯示在產後一年，鈣質的吸收率比一般婦女高出三倍。由此可見，中西方認為產後的飲食必需認真安排，這才使產婦補充身體的虛耗，以及確保有足夠體力和營養以餵哺嬰兒。產婦平均每天可製造母乳由最初五百毫升漸升至七百五十毫升。以每七百五十毫升母乳含六百三十卡路里估算，產婦每天起碼額外需要約五百卡路里，而維他命A及C、鋅質及水分的需要均比懷孕期更高。一般情況下，如產婦營養攝取不足，身體會用儲備來補足，使母乳有充足的營養供給嬰兒發育所需。為避免虛耗身體「資源」，請參考以下資料，進一步了解坐月及授乳時的均衡飲食。

坐月及授乳時的均衡飲食

食物種類	功用	每天分量
五穀	供應熱能，纖維素	三至五碗
魚、肉、蛋、豆腐	含豐富蛋白質，有助身體細胞生長及修補	六至八兩 ＊世衛組織建議哺乳期婦女每天平均攝入三百毫克或更多的DHA，方法是吃含汞量低的魚類或服用奧米加三補充劑。

食物種類	功用	每天分量
蔬菜	含豐富維他命、礦物質及纖維素	六兩（約兩碗）
水果	含豐富維他命、礦物質及纖維素，可防止便秘	二至三個
奶類	含豐富蛋白質、鈣質維持骨骼，牙齒健康	二至三杯
總水分	防止便秘，供母體及製造母乳使用	十杯或以上

坊間有很多坐月的禁忌，下面和大家分享一些常見的例子：

忌：孕婦忌吃水果？

其實懷孕和坐月期內應進食足夠的水果以吸收天然維他命、礦物質及纖維素。只要預先把冷藏的水果放置在室溫環境，令溫度變得溫和才進食便可。水果方面，產後首十日可選木瓜、西梅、提子。

忌：產婦不可吃蛋、海鮮怕傷口發炎？

進食適量高蛋白質食物有助傷口癒合。只要傷口保持清潔，發炎的機會可大大減低。

宜：豬腳湯、魚湯可助母乳量增加？

現時未有研究顯示有那些食物可增加母乳量，亦不建議只靠喝草藥飲品（Herbal Tea）嘗試增加母乳。是以增加餵哺次數及多喝水分最能有效地增加母乳製造。

宜：孕婦應把握時機吃中藥材補身？

一般產後首十二日宜清淡，至於補品，西醫沒有特別建議產後需用中藥材調理身體，故有意服用當歸、鹿茸、人參、鹿尾等中藥材的產婦，可先請教中醫師以配合體格來服用。薑醋、雞酒宜在產後十日（開始大補）或清理惡露後才吃。燕窩、花膠的共通處是兩者含豐富膠原蛋白質。燕窩、花膠雖較溫和，仍建議待傷口及疤痕狀況漸趨穩定後才進食。

另一方面，設立規律的進食時間，有助產婦避免因為忙於照顧初生嬰兒而疏忽自己身體的所需。另外，部分產婦可能因欠缺睡眠或未完全適應初生嬰兒的來臨等而影響食慾。所以規律的進食時間，可以提醒產婦要定時放鬆身心，補充營養。此外，正餐之間可設立小食時間，以補充正餐的不足。整體煮食的安排一定要維持在均衡飲食內，不要油膩，因為有助日後減磅修身！

我也曾經是新手媽媽

曹雅婷
香港中文大學法律博士
香港科技大學工商管理學士

我是一位天主教徒媽媽，十一年前結婚，育有一子一女。大兒子今年十歲，小女兒八歲。外子是一位婦產科醫生，而我目前是一名家庭主婦。在育兒過程中，我學到很多東西，也遇到過很多挑戰。我想在這裏分享一下我照顧新生嬰兒的故事。

當我第一個孩子出生時，我雖然知道自己將面臨很多挑戰，但我不覺得害怕，因為我知道身邊有很多人支持我。我媽媽上了陪產課程，長期在我家把孩子照顧得無微不至，讓我有足夠時間休息康復。嬰兒出生後想餵哺母乳，但我一直未上奶，又有助產士朋友不辭勞苦地在工餘時間到我家中教導我怎樣餵哺母乳。經過一番努力後，我終於成功了。現在回想，為何我的兒子這麼愛我，一定是當年有吃全人奶的經驗。我有這麼大的信心，不只是身邊有很多人支持，還有最重要的是我的信仰。因為我相信在遇到困難時，只要盡了力，其餘的天主自會照料。

儘管我已有了第一胎的經驗，但當我第二個孩子出生時，我仍然感到戰戰兢兢。因為我必須同時照顧兩個孩子。其實兩個不是一加一等如二，而是更多。這對我來說是一項巨大的任務。我必須學會如何平衡時間和精力，以確保兩個孩子都得到足夠的關注和愛護，而不會厚此薄彼。還記得抱着女兒回家的那天，我和外子特別買了一份小禮物送給哥哥，寓意妹妹尊重哥哥。哥哥收到禮物後十分高興，還急着把妹妹介紹給親朋戚友認識，真是窩心。

在我的育兒經驗中，我學到了很多重要的教訓。首先，我意識到自己必須鍛煉出無比的耐性和細心。孩子小時候是不懂得表達自己的，我必須花時間觀察孩子的情緒行為，以了解他們的需求和喜好。其次，我學會了如何在夫妻和子女間找到平衡。我必須合理安排時間，以確保孩子得到適當的照顧，有一個美好的童年，同時也不能忽略丈夫和我個人的生活。

最後，我認為最重要的是作為一位天主教徒媽媽，我必須將信仰融入我的育兒經驗中。我要教導我的孩子遵循教會的價值觀，並將這些價值貫穿他們的生活。我相信，這將幫助他們成為有愛心、謙遜和有責任感的未來社會棟樑。

總之，養育孩子是一項充滿挑戰的任務，雖然辛苦，但我不後悔，因為這也是一項充滿樂趣和獎勵的使命。在我的育兒歷程中，我也成長了很多，並且成為一個更好的母親。我希望我的經驗和故事可以幫到其他媽媽，尤其是那些正在準備迎接新生兒的媽媽們。

新手父母的心理調整

馬嘉汶

任職資產管理公司私人銀行分銷部。畢業於香港中文大學心理學學系、香港大學社會科學碩士（精神健康）。自二零一五年起參與香港心理衛生會義工服務，現時為葵涌醫院義工小組組長。

疫情過去，與朋友們聚首一堂閒話家常，當中有幾位已晉身媽媽行列。滿以為新一代媽媽應該輕鬆很多吧，有傭人又有陪月姨姨，不像以前的「一腳踢」，照顧小孩又要做家務煮飯，哪有坐月補身的閒情逸致？可是從她們的對話才得知，原來有陪月姨姨又有傭人在家的也一樣令人十分苦惱，何解？

朋友說：「剛生完小孩的第一個星期，陪月姨姨和傭人就吵架，然後翌日陪月姨姨便請辭不幹了。」我們都不禁嘩然。事緣是陪月姨姨煮飯，需要傭人幫忙切菜，不知為何起了爭執，鬧得面紅耳赤，然後傭人就哭起來。而陪月姨姨覺得朋友當時沒有站在她的立場且為傭人說話，令她難堪，憤而辭職。朋友生完小孩後開始上奶及餵哺，已經嚴重地渴睡和疲累，還要平心靜氣地安撫傭人和重新聘請陪月姨姨，可謂心力交瘁。我們都驚訝她是如何熬過來的。朋友笑着回答，當時確實哭笑不得，十分無奈，想着麻煩為何偏偏選中她？但再想深一層，陪月姨姨設有不少規矩和要求，而外籍傭人卻不諳廣東話，故難免有磨擦。唯有在聘請新陪月姨姨時，先為陪月姨姨和傭人做好分工、安排時間表，並在適時擔當翻譯，免去無謂的爭拗。

另一朋友，回應道：「陪月姨姨和傭人會聆聽你的意見，但丈夫卻不一定呢！更難應付！」朋友的丈夫工作繁忙，晚飯後才能接手照顧孩子，但孩子在他手上總哭鬧得聲沙力竭。據了解，那位新手爸爸以一股蠻力把孩子的頭顱捉緊來餵奶，令孩子很不舒服，不得已，朋友只好出手幫忙，但丈夫對此感到厭煩，並催促她早點休息，因此夫妻關係也變得緊張。我們聽罷都詫異朋友竟然能看着孩子掙扎痛哭，也按捺得住沒有即時向丈夫發脾氣或把孩子抱回來照顧。朋友娓娓道來：「大概是先處理心情，後處理事情吧！孩子哭着我倆都心痛，情緒已經不好。若然當時再多說幾句，大家氣在心頭定必吵架，故先冷靜下來好好睡一覺後才想辦法。其實丈夫和我也是初為人父母，對照顧孩子沒有經驗。母愛乃是天性，對母親來說較為容易面對初生嬰兒的哭鬧。相對父親需更長時間適應生活的轉變，儘管過程是有點駭人，但也該讓他學習與孩子相處吧！更甚者，緊張時期，丈夫少少的幫忙也是幫忙呢！」既然丈夫接受不了說教模式，朋友就以身示範，讓丈夫看到如何哄着孩子安靜下來、如何餵哺孩子吃得舒暢。看着看着，丈夫也跟着嘗試，孩子亦少了哭鬧。

看來新一代媽媽除了天天泵奶、餵哺及照顧孩子外，即使有人幫忙但仍需更多腦力和情商以應付自己、丈夫和其他協助者的突發事件，真的少點能耐也不行！

閱讀應從零歲開始

尹惠玲

現任新雅文化事業有限公司董事總經理，從事圖書出版及書店管理工作逾二十年。喜愛探索萬事萬物，愛為童書出版注入孩子喜愛的創新元素，讓孩子愛上閱讀。香港大學文學士，香港中文大學理學碩士（新媒體）。

對於每位新手爸爸和媽媽來說，迎接寶寶到來的時候，都是既興奮又緊張。寶寶未出世時，準爸媽已為寶寶作出各方面的籌劃和準備，例如餵哺產品、清潔護理用品、嬰兒床、手推車等，也有些更為未出世的寶寶考慮幼稚園的選校。一切一切，家長都希望給予孩子最好的安排，讓孩子健康成長，前程遠大。

其實，最讓孩子終身受用、而父母又可與孩子建立親密互信關係的方法，你猜是甚麼？答案就是父母從寶寶零歲開始，與寶寶進行親子共讀。

閱讀的好處相信不用我多解釋。可能你會問：初生嬰兒可以閱讀嗎？父母如何與嬰孩共讀呢？

閱讀能幫助幼兒腦部、視覺、聽覺、語言，認知等等方面的發展。而閱讀習慣的培養，其實可以從胎兒時期開始。專家指出，胎兒從六個月開始，已逐漸發展出聽覺能力，這時父母便可以給胎兒朗讀一些簡單的兒歌及童詩。當寶寶出生後，便可辨別出曾聽過的故事或父母的聲音。視覺方面，寶寶亦會於出生的幾個月內，從僅能看到模糊的黑白影像，逐漸發展為可辨別不同線條和顏色。父母若於寶寶出生後，以簡單的句子和圖像跟寶寶進行親子共讀，為寶寶提供豐富的聲音和影像刺激，將促進寶寶各種感官的發展。

有學者曾長期追蹤一群十四個月大至三歲孩子的親子共讀情況，結果發現，媽媽懷孕時或出生六個月之內進行親子共讀的寶寶，到三歲大時，其語言表達、詞彙量和故事理解能力，明顯高於七個月以上才開始共讀的幼兒。

然而，父母們要注意，跟年幼的寶寶進行親子共讀時，不要強迫寶寶要學懂甚麼。對一歲以下的寶寶進行親子共讀，其實只是陪伴寶寶與圖書建立關係，讓寶寶喜歡接觸圖書。父母可按寶寶的興趣和能力，選擇一些布書、無毒塑料圖書，又或是厚紙造的操作書，讓寶寶安全地觸摸及翻閱。而一些內頁有質感的圖書，如毛毛狀、沙紙質感的圖書，亦有助寶寶的五感發展。

父母也可以把圖書放在孩子能觸及的生活空間範圍內，讓寶寶隨時可自由探索，隨時玩書、看書，寶寶便容易享受與圖書建立關係了。此外，父母不需介懷寶寶的閱讀時間有多長，就算寶寶不是看書，而是「吃書」或「擲書」，父母也不用擔心，這是寶寶其中一個自主探索的過程和方法，父母只需經常消毒和清潔圖書便可以了。其實，父母只要有耐性和時間與寶寶進行親子共讀，讓寶寶與書本逐漸熟絡起來，寶寶會從最初「把玩」圖書，慢慢把注意力集中在圖書內容上，從而建立與書為伴的習慣。

此外，父母與寶寶進行親子共讀，藉由閱讀幫助寶寶探索和認知事物和世界，對建立和促進親子關係有極大幫助。當孩子成長後，他們未必記得年幼時跟父母讀過的每一本書，但孩子們會永遠記得年幼時與父母共讀的親密時光，感受到父母對他們濃濃的愛。

值得一提的是，傳統上，媽媽照顧寶寶的時間或許比較多，與寶寶進行親子共讀的角色大多落在媽媽身上。我奉勸爸爸們，你們也可以積極參與親子共讀，不要錯過這個跟寶寶建立親密互信關係的好機會啊！

最後，希望各位父母能好好享受與寶寶親子共讀的時光，為寶寶建立終身受用的良好習慣，為家庭建立和諧快樂的關係。

Parrot

CHAPTER 2

母嬰身心靈 ♥ 健康喜樂

現代都市人追求天然養生的健康生活，嬰孩也不例外，由出生那刻起，需要悉心關注，鞏固體質，培養品德教育。剛成為媽媽後，身份霎時轉變，在照料嬰孩上承受不少壓力，如何適應當刻的轉變？如何平衡身心狀態？我以過來人的身份，結集長輩的生活智慧及育嬰經驗，在孕婦飲食營養、心理調適及嬰兒日常護理等等，為母嬰照料者提出愛的建議，喜迎新生命。

孕婦要攝取足夠葉酸

為了確保胎兒健康地成長至呱呱墮地，婦產科醫生劉珮琪（Amy）提醒孕婦們，必須吸收足夠的葉酸。葉酸可以從以下食物攝取，例如西蘭花、菠菜、甘筍、肝內臟、蛋黃、奇異果、柑橘類水果，還有三文魚。

假如胎兒葉酸（又稱為造血維他命，是製造紅血球相當重要的物質，對胎兒腦部發育特別重要）的吸收量不足，會增加胎兒患上神經管缺陷、無腦畸形症及脊柱裂症等風險。

甚麼是無腦症？是指頭蓋骨生長不正常，導致腦部發育不全，出生後變成了無腦兒。

甚麼是脊柱裂？這是一種先天性疾病，患有此症的嬰幼兒，其脊柱骨會有一節或多節的背部缺口，脊柱裂可導致下半身殘障。這種情況在香港並不常見，但

曾經生過脊柱裂症孩子的媽媽，其第二胎也有患上的風險；因此，必須尋求醫生的指導和跟進。

新家庭成員的到來，尤其是第一胎，本來是一件可喜可賀的美事；但若疏忽檢查或營養攝取不足，而令嬰兒有先天缺陷，實在令人黯然神傷，任何人都不想見到的。因此，懷孕前必須要小心行事，要做好各種準備，迎接健康的新生命。

孕婦好伙食

這一陣，應編輯和讀者要求，寫一點有關育嬰及孕婦產前產後的常識。年輕朋友在仁安醫院誕下兔寶寶，提及孕婦膳食，讚不絕口，才知道友儕間對該院的婦產科有相當好的口碑，那我就要拜訪見識見識了！

這天，來到醫院的餐廳 Green Cafe（蘭亭閣），品嘗由駐院營養師李向明（Joy）設計的《養生美顏宴》，由駐院廚師輝師傅親自下廚。每一道菜均有營養說明，真是細心得叫人感動！

一、油醋青瓜卷——高纖維素、豐富維他命C、含抗氧化物。

二、鮮拆蟹肉燕窩羹——含骨膠原、多種氨基酸、奧米加三脂肪酸。

三、蝦仁煎蛋餅——低脂、豐富優質蛋白質、鐵質。

四、乾燒野菌煮滑豆腐——高水溶性纖維、維他命B_{12}、抗氧化物、含植物性蛋白質。

五、雲耳西蘭花苗炒慢煮雞柳——豐富維他命B雜、鈣質、蛋白質及膳食纖維。

六、甜品是養生黑芝麻卷——豐富鈣質、抗氧化物、含植物固醇及維他命E。

該院的醫務副總監胡詠儀醫生說，入住的待產及產後媽媽們，可以請駐院營養師按個別的情況設計三餐膳食，特點是好味又富含所需營養，出院後仍可提供外賣服務。

坐月洗頭沖涼的迷思

皮膚科梁志仁醫生是報章的長期讀者，看到我寫了幾篇照顧產婦及初生嬰兒的文章，也來電說要跟大家分享一點有關產婦的衛生及保養常識。

原來，目前仍有陪月員或奶奶，教導正在坐月的產婦（媳婦）為免影響健康，提議她們一個月內不可洗頭，至於沖涼則一個星期輕輕沖一次，或者是抹身就算。梁醫生說，這種做法十分過時，而且不科學。

這是從前中國農村的傳統，因為耕種關係，四周都是濕濡濡的，為怕產婦吸了潮濕的地氣，令風邪入侵，於是硬要她們不沾水，尤其是冷水。有些還被迫用布巾包着頭部，不讓丁點風、水沾染，害得那產婦天天不是躺在床上，就是坐在床上，一個月後才解禁，故稱坐月。

事實是在落後的年代，產婦自然生產後由於陰部裂開，沒有傷口縫合技術，又沒有任何預防傷口發炎的藥物，於是為免細菌感染，就要求婦女產後一個月內雙腳夾緊，讓傷口逐漸復元。若沖涼、洗頭不小心讓傷口沾了帶有細菌的水，或因落床走動而使傷口感染了破傷風菌，在落後地區的產婦，會因「產褥熱」而死亡。今日，在醫療先進地區，預防工夫充足，健康產婦洗頭、沖涼，是正常的衛生處理。

如何吃薑醋補而不肥？

薑醋對產婦當然有好處，但產後十二朝才能吃，要派送薑醋給各友好，也是在十二朝之後、嬰兒滿月之前。煲薑醋用的薑，必須是大肉老薑，子薑是不能祛風的。薑醋是補身之物，所以中國人有「秋風起、煲薑醋」之說。

許多人以為只有產婦和女士才吃薑醋；其實，今日不知幾多男士愛吃薑醋來補身。薑醋能祛風、散寒、活血、散瘀。於產婦而言，有助子宮收縮。當中的豬腳含豐富鈣質，有助產婦補充失去的鈣質。薑，性溫熱，可祛寒暖胃，幫助排出惡露；雞蛋，營養豐富，含蛋白質、DHA及卵磷脂，是產婦益補的好東西。

原來，只有廣東人才有派薑醋的習俗，有報喜及分享喜樂的寓意。仁安醫院駐院營養師李向明（Joy）說，如果是順產的話，產婦在十二朝之後就可以吃薑醋了。如果是剖腹生產的呢，則要待產後二十八至二十九日，才可以吃薑醋，不然會令傷口受刺激，導致發炎。因此，吃薑醋也要有規有矩的。

我平日也喜歡吃薑醋以進補，但不能常常吃、日日吃，因為當中營養太豐富又肥膩，要是不斷吃的話，擔保你很快變得肥嘟嘟。

祛濕補氣炒米紅棗茶

這道茶水，適合一家人在此春眠不覺曉的季節，坐着歎一杯。進入春寒料峭時節，天氣忽冷、忽熱、忽濕、忽乾，一不小心就要鬧感冒了。鄰居廚神陳太說，在這個時候最好飲杯炒米紅棗茶。在家焗一大瓶，全日當茶飲。陳太還說，這道茶水可以清熱化濕、補肺又補氣，同時益氣健脾，兼有滋補養生的功效，對皮膚特別好呀！

材料十分簡單，半飯碗白米、二十顆大紅棗。

方法：先把白米放入白鑊炒至微金黃，紅棗去核切條，然後用六碗清水煲紅棗十分鐘，熄火，把紅棗、紅棗水、炒白米全倒入耐熱焗瓶內，焗五至六小時後，便可開始飲用。我是第一次飲，感覺好好飲。翌日，再焗另一瓶。

原來，這個飲品也是坐月媽媽的必飲茶水。白米的主要成分是碳水化合物，此外還含有蛋白質、脂肪、維他命E、澱粉質，能協助身體補充能量和抗氧化。不過，白米偏寒涼，不利產後婦女及體質屬寒底的人士，故把白米用白鑊炒至微黃可袪濕氣，再加入性熱、有滋補作用的紅棗一起焗，自然就成了飲後暖身化濕的養生茶水了。

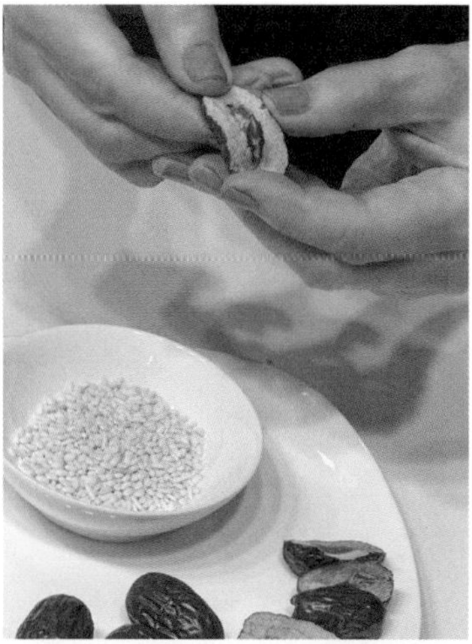

嬰兒濕疹跟母乳的關係

一位新手媽媽抱着四個月大的嬰兒，去看皮膚科醫生。嬰兒小小的手臂長了濕疹，因為皮膚發紅又痕癢，於是一整天在扭計，不肯吃也不肯睡，一家人都苦惱不堪。新手媽媽哭喪着臉說：「醫生，家裏的老人家話，係我的奶水有問題，搞到寶寶出濕疹。依家有兩個選擇，一係停止餵哺母乳，一係要我戒口，連雞都唔可以食，我唔知點好。」

梁志仁醫生在電話那頭對我說了這個案，並點出了箇中重點及謬誤：

一、用母乳餵哺嬰兒，對嬰兒的健康及發育成長是最好的。

二、嬰兒有濕疹跟母乳無關，決不能因此而停餵母乳。

三、迫令正在需要進補的產婦戒口，對產婦極不公平。

要知道，嬰兒出濕疹原因很多。梁醫生解釋，環境、衣着、空氣、從外面回來的保母、嬰兒爸爸、親友、嬰兒自身等等，都可能是濕疹出現的因素。梁醫生

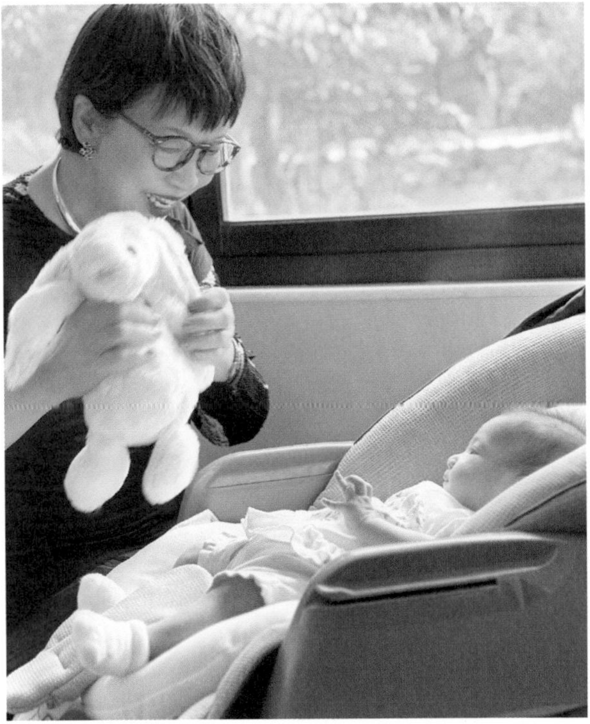

說，三十年前，香港患濕疹的嬰兒只佔整體一成，現在是三成；事實上，愈發達的地區如日本、英國等，早在三十年前，嬰兒患濕疹已經是三成。因此，把責任全推到新手媽媽身上，或者責備她懷孕期間吃錯東西，這樣會導致產婦出現自責、內疚，是很不公平的一件事，這也是引致產後抑鬱的原因之一。

有關小兒過敏症與濕疹

看見幼兒因為食物、環境而引致的痕癢、紅腫，甚至呼吸困難，是一件很可怕又束手無策的事。特別是看見他辛苦得只管大哭，但不懂表達感受的時候，更加叫人心酸。

我趁那天遇到兒童過敏、免疫專科蔡宇程醫生之便，請他講講有關問題。蔡醫生說，至目前為止，醫學界仍未能確認兒童出現過敏症的原因。最常引用的理論是「衛生假設」（Hygiene Hypothesis），即當社會環境衛生情況改善，兒童減少接觸傳染病，於是導致整體人口的過敏症出現率升高。而過敏症的成因，可分為先天和後天，只有非常少數的患者，是因為基因病變的問題而患上過敏症。至於後天或環境因素，例如精神壓力、空氣污染等，亦可引起或加劇過敏症的出現。

有濕疹的嬰兒，建議提早進食花生，預防敏感。

「我們亦了解到各種過敏症之間的互動，例如食物敏感與濕疹是息息相關的。」蔡醫生解釋。「因此，患有濕疹的嬰兒應該儘早於六至十二個月大的時候，就應該提早將花生加入日常的餐飲內，並必須恆常進食來預防花生敏感。」各位有小孩的家長，務必多多留意了，如有疑問，必須請教你的家庭醫生。

四因素或致嬰兒濕疹

能否妥當地照顧孩子特別是嬰兒，產婦或者是保母的情緒，有着關鍵的作用。母親或保母作為照顧者，若情緒不穩、大起大落，加上嬰兒的哭鬧，她第一時間會在嬰兒身上發洩情緒，覺得嬰兒是個負累，而各式各樣的虐兒情況便由此產生。

一、孩子雖小，但也會感受到那種被厭惡的氣氛，而出現情緒緊張和不安全的感覺，這會影響孩子的內分泌、消化系統異常，直接令皮膚出問題，例如濕疹；因此，每一位家人都有責任幫助產婦度過難關。

二、大家都知道嬰兒的皮膚表面十分嬌嫩，一些外界的因素都容易導致皮膚痕癢、濕疹等。若居住環境過於乾燥，令嬰兒的皮膚生痱子；蚊叮、床鋪的蟲螨令皮膚出粒粒，或會惡化成為濕疹。

三、再進一層就是嬰兒的衣服，穿得太多、過厚，或者是穿着毛織品，如果衣服的表面有圖案，當中的染料一旦觸及嬰兒嬌嫩的皮膚，也可能會形成濕疹或其他皮膚問題；因此，必須給嬰兒穿着柔軟的純棉衣物。

四、遺傳也是因素之一，父母其中一方曾經患過濕疹或過敏性疾病，也有機會令孩子「中招」。

以男嬰為主的嬰兒痤瘡

嬰兒的皮膚問題，不單會患上濕疹，還會發痤瘡。朋友的兒子剛滿月不久，面上額頭及頸部就出現了像青春痘一樣的粒粒。初初以為是濕疹，但不是濕疹，它的徵狀以丘疹和膿疱為主，也可能會有黑頭和粉刺，但已把新手媽媽嚇壞了。醫生安慰她不必擔心，通常一個星期或數天就會自行消退，毋須治療。

這種痤瘡的發生，一般在出生後的三個星期左右，或稱為「新生兒頭部膿疱病」，具體發病的機制仍有待進一步研究，但與產婦生產前的生活環境、飲食無關，而且不是每個初生兒都會有此徵狀。然而，嬰兒痤瘡有特別的處理方法嗎？由於一般病例都屬輕度，是以不必特別處理，只要平時保持空氣流通，減少出汗，如常的清洗面部，依可信靠的兒科醫生給予的保濕劑，每日依皮膚的乾燥程度來塗抹多次，像成年人的護膚一樣，保濕最重要。

有醫生說，一旦嬰兒發生這種看着駭人的嬰兒痤瘡時，做母親的通常變得緊張、神經質；因此，必須首先安撫的是母親情緒，並且提醒她們要冷靜地處理，不要把嬰兒也嚇着了。

別忽略人體的攻防裝置

有一年的一個下午，一位年輕女士到我們的產品展示室來，買了五枝蘆薈修護精華素。我看看她的皮膚，滑滑淨淨，看不出瑕疵。由於這枝精華素是用作緊膚的，難道她天天用了感到有效，於是買來送人？這點市場調查不能錯過，就上前問她，是否買來送禮。

她笑了一笑，答道：「給我那快一歲的寶寶用的，他面上、手背都有濕疹。這產品都是不加入化學品的，我就試試抹點在他的手背上。不久，那些像發炎的紅腫慢慢消退了。這是我的大發現，謝謝你啊！起初看到孩子這樣，我不知有多內疚，以為自己吃錯東西；幸好醫生說不關我事，還說嬰兒濕疹的原因好複雜。」

嬰兒濕疹又稱為奶癬，是一種過敏性皮膚病，好發於出生後一至三個月的嬰兒。有醫生說，多見於對牛奶過敏的嬰兒；不過，半歲後就會慢慢減輕，一歲半

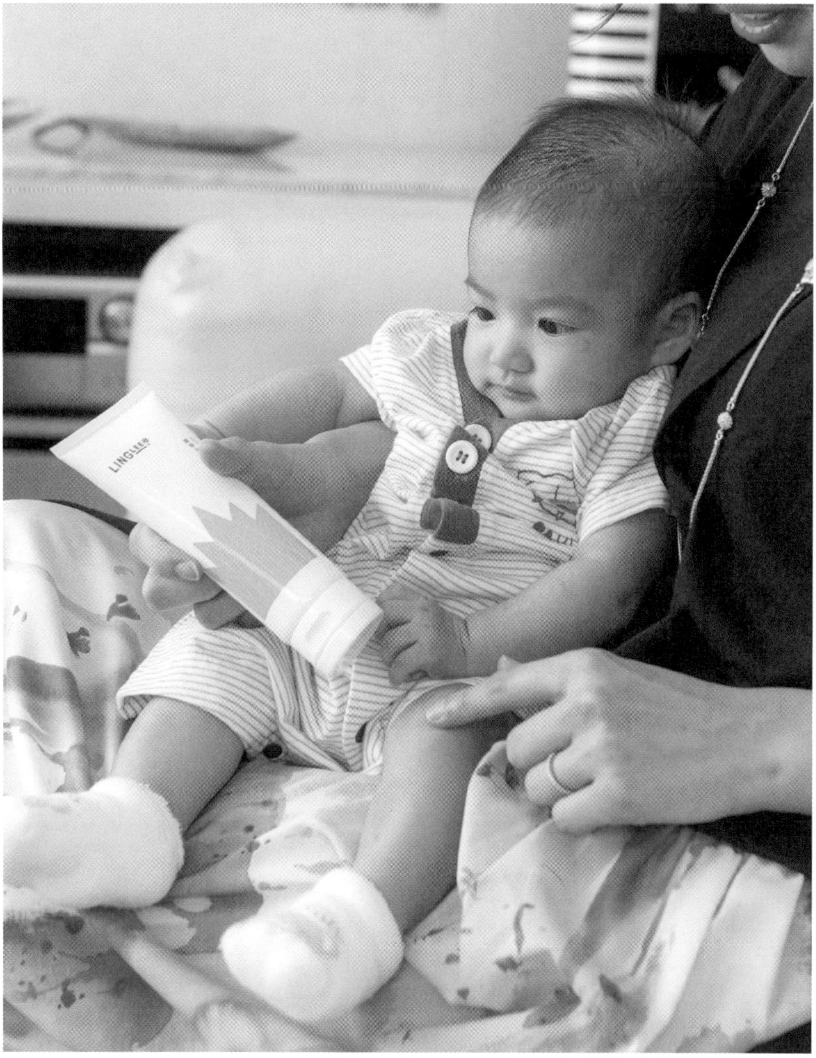

以後，許多病童會自行痊癒。

這是因為孩子體內的免疫系統，隨着年紀的增長而日漸強化，在面對「侵襲」的「敵人」時，孩子已經曉得兵來將擋；別忘了，人體的構造是有攻防裝置的。

薏米是皮膚守護神

應邀到學校跟老師、家長分享天然養生及紓壓心得。一位家長問，薏米粉為何有保健作用，小孩子可以食用嗎？

以前，老人家最愛提醒身為人母的媳婦或女兒，久不久要煲薏米水給孩子飲用。因為薏米本身有皮膚守護神的稱號。它的營養成分能美白補濕、行氣活血、潤澤肌膚，對小朋友的正常成長有莫大好處。有許多小朋友由於免疫力弱的關係，常會生頭瘡、出濕疹，甚或出現無名腫毒，有健脾消腫功效的薏米粉，正好能幫上大忙。

其實，成年人食用亦是非常適宜的，它除了保護肌膚，亦能調經止痛，紓緩皮膚乾燥，更有輕身減肥的效果。我最愛用它來自製面膜敷面，將一茶匙薏米粉加入清水調成糊狀，均勻地敷到面上，十分鐘後用溫水洗掉，你即時看到一張美白的臉。至於食用方法，每次飲湯、飲果汁或者咖啡、奶茶時，放入一茶匙薏米粉在飲品內調勻飲用即可。由於它沒有特別味道，所以不會破壞飲品的原來味道。

薏米也具祛濕功能

朋友去了匡智會工場，參觀輕度弱智的學員們，如何研製薏米粉之後，覺得很感動，立即致電煤氣公司訂了一箱，分送左鄰右里，幫助朋友們祛濕。

因為一旦身體濕重，最容易感到疲倦，做事提不起勁，晚上睡得不好；同時頭髮易出油，臉也容易出油，臉色蒼白，注意力不集中，易患感冒、痰多、大便稀黏，肚子常有脹氣，身體有水腫現象，免疫力下降。

薏米為甚麼能祛濕？因為它在中藥分類中，屬於利水滲濕藥。薏米性涼、味甘、淡，有利水、滲濕、健脾、清熱排膿的功效。因此，許多人每日都會利用薏米粉來減肥、紓緩濕疹及作為美顏養生輔助食品。

大時大節，許多人都會大飲大食來慶祝，有機會影響脾胃功能，造成胃脹胃痛、洩瀉、面上長痘痘等，每日依我的方法進食薏米粉，煩惱可以改善。

薏米能潤澤肌膚、祛濕健脾。

有陪月員的小孩真矜貴

八十年代以前，香港的家庭至少都會有三個小孩，有的可以生十名八名。許多家庭的環境並不太富裕，夫婦二人都必須上班；但孩子一樣安穩快樂地成長，有些每個孩子還有機會接受高等教育。

但今日香港的社會風氣已不一樣，年輕的夫婦都有生育計劃，孩子一個起兩個止。於是，子女就變得非常珍貴了。準媽媽生產前，如果沒有自己的母親幫忙，就得四出尋找可信靠的陪月員。我認識的那對年輕父母，陪月員來幫忙照顧嬰兒和產婦三個月，每月三萬多港元。

陪月員每日上午大概十一時上班（如果需要陪母嬰去健康院打針檢查的話，就會早上八時左右上班），下午六時下班，每星期休息一天。如果要聘請留宿的陪月員，費用可以高達六萬港元。陪月員每日的工作可不簡單，從教新手媽媽哺乳至每日煲湯、煮飯、湊寶寶，沒有一刻不在忙。

聽說陪月員近年很受歡迎，最主要是這些婦女不僅受過良好訓練，本身喜歡小孩又肯為新手媽媽分憂。雖然僅相處短短一個月至三個月左右，但已經有一家人的感覺。因此，這個工種很搶手，做完陳家去張家，年中無休。我認為手腳仍然利落的退休婦女，很適合擔任這個工作。

抑鬱的新手媽媽

產後抑鬱是常有的事，尤其是新手媽媽。因為產後賀爾蒙有所變化，會影響到大腦控制情緒，同時在缺乏經驗、安全感、對未來的茫然下，再加上種種個人問題或者家庭問題，當有新成員出現，一則會因為這是自己十月懷胎的親骨肉而高興，一則是面對這位新成員有點束手無策；情緒就會變得很不穩定，一時會抱着嬰兒開心得手舞足蹈，一時會哭個死去活來。

通常在產後一個星期，這種情況就會出現，往往持續三、四個星期至半年不等。日日必須上班的丈夫，實在幫不上甚麼忙，但陪月員和家務助理在此期間，就能扮演重要的角色了。安撫、鼓勵、傾談、聆聽，為她煮好吃的，對她永遠保持笑容和忍耐，給她報告些坊間的八卦趣聞等等，讓正在鬧抑鬱的產婦重新振作；所以說，陪月員不僅是為產婦進補養身，也是為她們的心靈送上雞湯。

一般最令新手父母不知所措的，是嬰兒三更半夜的哭鬧聲。一來不曉得嬰

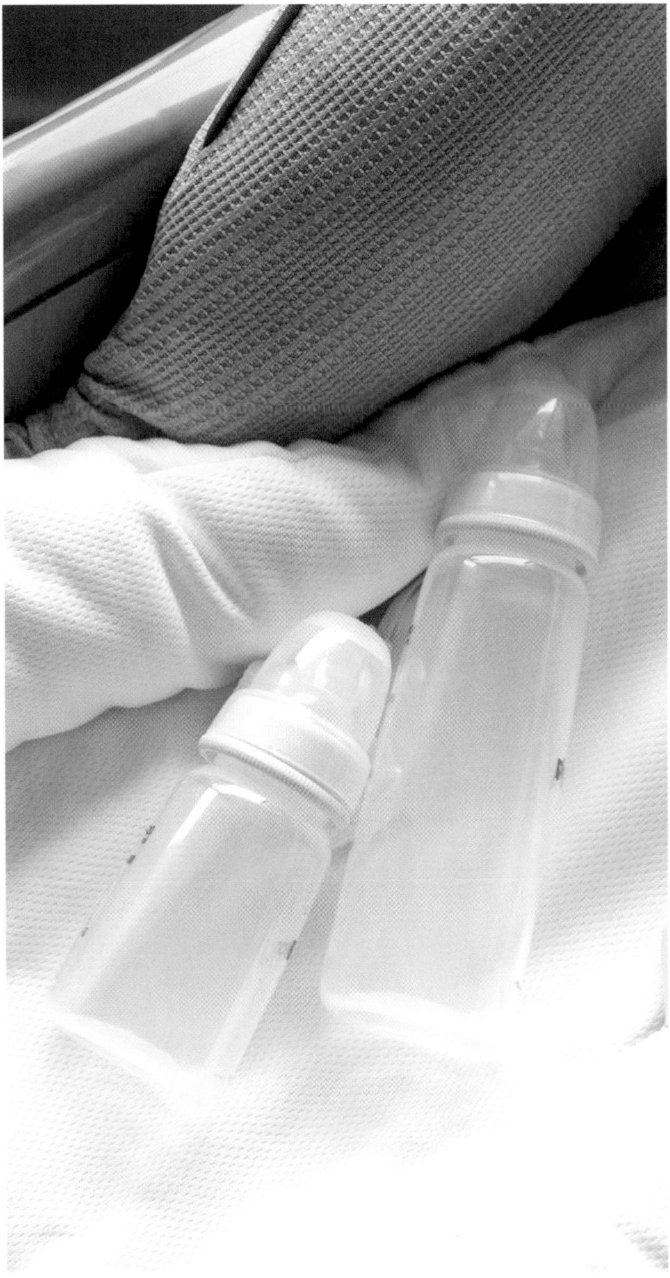

兒哪裏有問題，二來令翌晨要早起上班的爸爸「無覺好瞓」。這時候，如果搞不好，連爸爸都會大動肝火了，令那做媽媽左右為難。你想想，哪能不抑鬱？

協助孕婦面對正能量

一旦提及產婦的情緒，許多人腦海中就會出現「產後抑鬱」四個字。其實，婦女的產前情緒都是要關注的。據研究顯示，許多胎兒流產或者早產與孕婦的抑鬱、情緒不穩有關。最令孕婦難忍的，是丈夫在外尋花問柳，三更半夜才回家，甚至在家裏胡亂發脾氣。

這樣會令孕婦感到缺乏安全感，對前路茫然，覺得為丈夫懷孕十月卻得不到對方關心和支持，感到自己正在做着一件沒有意義的事。還會胡思亂想：將來孩子出生了，會得到他爸爸的重視嗎？那不是成了夫妻間的負累？該繼續？還是中止懷孕呢？日後出生的孩子會是身心健全的孩子嗎？有齊手指腳趾嗎？智力正常嗎？這種種的憂慮，如果得不到疏導，好容易會使孕婦的壓力不斷增加，最終釀成悲劇。

孕婦在面對賀爾蒙變化、缺乏丈夫和家人的關懷，以及對分娩和生病的擔憂，往往會使一個本來正常的婦女變得鬱鬱寡歡、疑神疑鬼，甚至出現幻聽，令她走上不歸之路。因此，不管孕婦是你的親人、朋友或同事，不妨給予關心，多跟她談話，其負面情緒自會慢慢減退，一心一意迎接小生命的到臨。

女人的喜與悲

資深陪月員華姐告訴我，她十年前到某新手媽媽家，負責照顧產婦和初生嬰兒的起居飲食。期間，那位新手媽媽常常一邊餵奶一邊飲泣；華姐知道那是產後抑鬱的表現，而她雖是陪月員，但也有責任給予輔導。待嬰兒睡着了，華姐摟着新手媽媽的肩膊問她原因。

原來，因為她生的是個女娃，而丈夫是個獨生子。老爺倒沒甚麼，曉得給孫女一封大利市；但奶奶則一天到晚是黑着面孔，冷言冷語。這位奶奶完全不明白生男還是生女的機率，有可能是丈夫那方的問題。況且奶奶本身也是女的，竟然因為媳婦為夫家生了個女娃而對媳婦使脾氣。女人欺負女人，真要講句不知所謂。

我問華姐，之後情況如何？華姐說，幸好兩口子有自己的房子，但那新手媽媽的「病情」卻變得嚴重，出現了失憶情況，把她丈夫嚇得手忙腳亂，情緒亦大受影響，自願提出多給薪金予陪月員，請她加時陪伴兩母女。於是，每朝男主人上班前，陪月員便到埗，至男主人下班後，華姐才離開。

那位丈夫也很幫手，三更半夜的餵奶工作則由他擔起，並禁止婆媳通電話。華姐則每天除了煮飯煲湯、帶孩子外，就是與新手媽媽傾偈，給她正能量，給她分享其他新手媽媽的喜怒哀樂。如此過了三個月，新手媽媽的情緒就改善了。

孕婦的妊娠紋

婦女懷孕時，肚皮開始膨脹，一如肥胖人士的肚腩，十分搶眼。但最搶眼的，是皮膚因為膨脹而出現拉扯擴張，最終成了紋；這種拉力造成了真皮層內的膠原蛋白和彈力蛋白撕裂，於是令這一帶的皮膚產生一條條深淺不一的疤痕，稱為妊娠紋。尤其在懷孕二十四周之後，妊娠紋更為明顯，不過也有孕婦是沒有妊娠紋的。

還有其他有關妊娠紋出現的說法：一是胎兒太大，令肚皮承接不了皮膚生長的速度；又可能是孕婦皮膚太乾燥，兼且欠缺彈性，才會令真皮層容易膨脹出紫色或粉紅色的擴張紋，有的甚至連胸部、臀部和大腿上，也可能會出現。

這十多年來，我的讀者都曉得跟隨日本人去妊娠紋方法，就是一天抹幾次純正椿花油。至於每次用多少，則按個人情況而定。當她們知道自己有身孕時，就曉得適時地、適當地在腹部抹上純正椿花油，用按摩打圈的方式來抹，滋潤皮膚的同時，也為正在孕育的新生命做按摩，直至嬰兒呱呱墮地降臨人間。

妊娠紋經此照顧，會慢慢淡化；到嬰兒出世後的幾個月，妊娠紋也會消失了，怪不得椿花油有「孕婦護膚之寶」的美譽。

為甚麼皮膚會發黑？

懷孕中的女士，最常見的一種皮膚色素，就是膚色變得黑色，例如發黑。這是色素沉澱，當妊娠結束後，這些情況會逐步消退。

在懷孕過程中，由於結締組織改變、內分泌等等作用，使孕婦的皮膚有所改變以適應胎兒的成長，而色素沉着是最常見的。最矚目當然是兩頰的孕斑，多半是不規則狀而且顏色不均勻，特別是那些皮膚色澤本來就較深或經常曬太陽的婦女。

此外，患有慢性腎上腺皮質功能減退症、肝硬化、肢端肥大症（例如手指十隻變得肥大，是賀爾蒙方面的疾病。原因是體內賀爾蒙分泌過多，形成頭、臉、手、腳的皮膚和骨骼長得比身體還快。一旦發現要趕快醫治，不然會造成嚴重的併發症），此症多見於中年人，患者會出現頭痛、視力變差、手指麻木、有刺痛感、高血壓、月經周期改變、男性陽痿、牙齦間縫變大、聲音變低沉等。

小孩也會出現此症，成長中的小孩如果體內有過多的生長激素，也會導致這個情況，稱為巨人症；皮膚色素多會沉澱，形成發黑。此外，服食某些藥物如抗癌劑，都會使皮膚發黑。

嬰兒搖晃症候群

一名領有牌照的保母正在牢獄服刑中。事緣一對新手父母因為上班的關係，把七個月大的嬰兒交予保母託管，每日十小時。一日，做母親的接到醫院的電話，孩子陷入昏迷。經檢查結果，好端端一個活潑健康的男孩，在腦膜下出血、右眼失明、腦性痲痺。雖然撿回一命，但從此雙目斜視，智力不能健康地發展。真是情何以堪！

醫生證實，是由於劇烈並多次對嬰兒搖晃，而造成的永久傷害。

二〇〇九年，美國兒科醫學會與台灣兒科醫學會，正式把嬰兒搖晃症改名為「受虐性腦傷」，可見這是一種對嬰兒非常嚴重的身體虐待。嬰兒腦部受創，不一定是猛烈地搖晃，也可以是跟他玩拋高遊戲，抱着嬰幼童像旋轉木馬般旋轉，又或用力把嬰幼童摔在床上或梳化上，都對嬰兒造成傷害。

此外，讓嬰幼童乘坐汽車時未有使用安全座椅、讓嬰幼童乘坐沒辦法支撐頭部的電單車、把嬰幼童放在大腿上或膝蓋上用力晃動，甚至在嬰幼童打嗝時，照顧者在嬰兒背部用轉圈幫助紓緩的力度過重，亦會有傷害的風險。

新手父母回到家，若發現孩子有原因不明的哭鬧、持續嘔吐、抽搐、嗜睡、眼睛焦距異常，或在半昏迷狀態，請立即送院治理。

控制自我情緒

由於母親或者保母一時的疏忽，

又或情緒失控，把正在哭鬧不休的嬰兒摔到地上，或者出力地搖晃。不必說明，你也會知道對孩子造成的傷害會是永久性的。把嬰兒摔到地上這種失控行為，結果可能是嬰兒五臟俱裂、可能是斷手斷腳、可能是頭破血流，甚至一命嗚呼。

至於出力地搖晃嬰兒，專家拜託各位父母或照顧者，絕對不能做。因孩子的不停哭喊而弄至情緒低落時，千萬要冷靜，別衝動的搖晃嬰兒，這樣做分分鐘會造成嬰兒搖晃症候群（Shaken Baby Syndrome），後果是頭部仍然十分脆弱的嬰兒，經過這一輪或數度的搖晃後，會弄致頭部血管爆裂，令出世時本來一切正常的嬰兒出現腦損傷，智力的發展不全而成弱智，或癲癇（Epilepsy），或失明，甚至死亡。

負責照顧孩子的人，真要處理好自己的情緒。認識一位有牢固宗教信仰的母親，問她遇到初生嬰兒不斷哭鬧，搞到她自己都無法好好睡一覺時，怎麼辦？她答道，她差點失去忍耐要發脾氣時，馬上心裏祈禱，不斷在祈禱中令自己靜下心來，並開始為孩子哼唱兒歌，孩子半個小時後便安靜起來了。

德育比甚麼都重要

子女是父母心上的一塊肉，是心肝寶貝；正因這樣，從小管教時更要多加兩錢肉緊。我中學時看《讀者文摘》，當時有個欄目是中英對照的，專搜尋有人生導向的英文金句譯成中文。

某一期，看到這樣的一段（大意是）：「子女小時會踩你的雙腳，長大了會踩你的心」，前句意思是孩子學走路之初，父母都愛把他的兩隻小腳踏在自己的兩隻腳背上，然後兩手抓住他的腋下，教他一步一步往前走；後句則指自小疏於教導，長大後任意妄為，把你氣得半死，心痛至極，悔恨也許太遲。我把這個金句送給當晚家教會的年輕父母。

日本人說，小孩子是一張白紙，像隻剛剛收養的小狗，必須給予訓練，讓牠懂得規矩，才不會在主人床上、客廳梳化撒尿搗亂。小孩子的教育也是同樣道理。我的育兒心得很簡單，首先教曉兒子要有禮貌，有禮貌的人都有責任感，都懂得尊重任何階級的人。其次是有知恩心，有知恩心的人都懂得甚麼叫做報答，前途必然無限。

家庭教育與學校教育必須雙管齊下，家長要立好榜樣，老師們也要立好榜樣。我最喜歡《格林童話》那個以小樹成長為比喻的故事，小樹長得歪斜，若不適時扶正它，育成大樹後只有更歪斜，無法直立了。

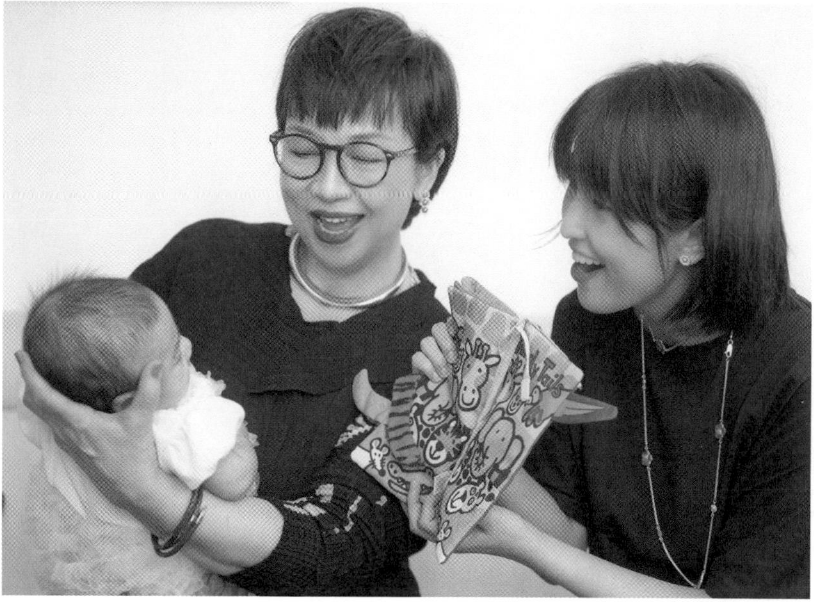

CHAPTER 3

照顧自己♥多一點

在人生不同的階段，無時無刻，需要為自己注入養分及動力，最簡單的方法是飲食，將天然營養素直接送進身體每個細胞。

平日，我會吃麒麟果清理腸道，也保留果皮當天然面膜；閒時喝一杯烏龍茶，抑制脂肪吸收；在家「站樁」達養生之效……

對自己好一點、關心自己多一點，就是給自己幸福的人生。

肚子軟綿綿是長壽之徵

日前，我寫了一位舊同事因坐着時肚子凸起，被當醫生的親戚摸一把後，發現腹部硬硬的，知道大事不妙，馬上為她預約腫瘤專科醫生做全身檢驗，結果真的得了癌症。

據講，中醫學判斷一個人長不長壽，首先觸摸他的肚子，如果腹如棉，軟得像棉花一樣，那就是長壽之徵兆。因此，清代乾隆皇帝最愛的運動之一，就是揉腹，據說一有空他就做，用右手掌自胸骨開始至小腹，順時針方向揉三十個圈，然後用左手掌逆時針方向揉三十個圈。為了確保肚子永遠像棉一樣柔軟，一天之內不妨多揉幾次。

中醫認為，肚子常在騰空狀，可保腫塊不會成形生長。不幸有了，亦可把它驅趕掉。中醫上講六腑，膽胃膀胱，六腑都是胸腔器官，積塊的毒進入胃之後，我們便得通過胃、腸道把它排走；因此，不能有便秘、有宿便。許多腫瘤患者在得病之前，都有便秘、大便不順暢的問題，這等於毒塊積在體內，不及時清走，日積月累自然成為頑疾。

除宿便小秘訣

在工展會遇上讀者，必然會閒聊兩句。一位讀者說，他有個十分有效的化解便秘和清理宿便的方法。他說，自小已經知道便秘是健康的一大剋星，所以每日清理乾淨腸胃，是他的日常重要生活之一。大家忙問那是甚麼方法？

他說，飲杞子圓肉（龍眼肉）水。一旦出現消化不良而導致便秘或者大便不太暢順，知道有宿便未消的話，他就會飲這道茶水。做法十分簡單，杞子和圓肉的分量不拘，不過圓肉分量比杞子多一點較佳，把材料放進盛有三碗清水的鍋子裏煲，先大火煮滾，改小火煮十分鐘，熄火，焗五分鐘左右，倒入保溫壺內，全日飲用，也可以一次飲完。過不多久，腸胃就清通了，十分舒服而且心情大好。

各位，如果你有需要，也不妨試試看，這都是王道的飲品，不怕吃壞人的。杞子有滋補肝腎的作用，而圓肉則能補脾養血。當一個人氣血不足時，自然會引致許多病痛，有便秘情況的話，許多時都是氣血不足，所謂唔夠氣，於是大便困

難。氣血足，肝腎健康運作正常，自然腸胃順暢，精神飽滿，容顏不老。

烏龍茶的吸脂大法

得恒生大學的飲茶專家陳顯揚博士的指導，我才知悉烏龍茶和綠茶都有減肥功效。但綠茶屬寒涼，許多女士和寒底人會受不了；因此，喝烏龍茶適合一點。不過，最好選擇陳年烏龍茶葉來沖泡飲用（不要隨便飲用坊間出售的樽裝、瓶裝製成品，除非你十分清楚它的成分）。

陳博士說，烏龍茶的茶湯愈青色愈寒涼，也會令人飲完眼光光不能入睡。如果那是陳年烏龍茶葉的話，沖泡出來的茶湯是琥珀色的，飯後或早餐後一杯熱陳年烏龍茶，能幫助你有效地分解部分脂肪，以及抑制脂肪的吸收。同時，陳年烏龍茶比較暖胃。

陳年烏龍茶之所以能夠減肥，因為在發酵過程中，它會產生烏龍茶聚合多酚（OTPP），能抑制脂肪吸收，並排出積聚的脂肪，是以腸胃很暢順。根據在網上搜尋得的有關陳年烏龍茶的特有成分，包括了降血壓、三酸甘油酯、預防動脈硬

化、減肥等等。近年許多講究健康的人，到中菜館吃飯或到酒樓飲茶時，都會自備茶葉，這樣就更能保證喝到好茶了。

這陣子勤力飲烏龍茶，天天飲用，一小茶匙茶葉在茶壺內沖泡三次，每次有四小杯，一邊寫稿一邊飲。一般中國茶，如果在晚間飲用，後果是太提神，搞到睡眠時間沒能入睡眠光光。我就是其中一人。但陳年（特級）烏龍茶，卻不會產生這個煩惱，經我這個多月來的驗證，絕無虛言。它還有其他功效，包括有助調整血壓，助降三酸甘油酯，並可預防動脈硬化等。

有些人士特別是老人家和女士，飲茶之後會出現暈眩的情況，這是寒涼的表現，多數是因為飲用了綠茶（不發酵茶）；而陳年烏龍茶就沒有這種情況出現，一般人都可以放心飲用。因此，我現在款客都是用特級烏龍茶，以保平安。

腸胃清道夫

一班女的聚在一起，話題不外是減肥扮靚護膚旅行購物。今晚有人提出了一種近期大熱的水果，她說試過在晚飯後吃了一個，不到兩個小時開始拉肚子。起初，她以為飯菜有問題，但其他一起吃完這頓飯的家人，有老有嫩，全部都沒有拉肚子這個問題。一問之下，原來只有她一人吃了那個生果。

聽完她的形容之後，大家哦了一聲，忙問是甚麼水果？答曰：麒麟果。這水果外形勁似火龍果，但外皮顏色是香蕉黃。據說，初進口香港時，有人稱它金火龍果；而它確實也是火龍果的一種，但比火龍果更加清甜、好味，兼且營養價值更豐富。

火龍果是腸胃清道夫，但麒麟果的效力來得更快，吃此果後，大便次數一天可達三、四次；因此，一次過不能吃一個，半個已經好足夠。它的零售價格，跟火龍果也相距很大，一般超市二十港元有兩個火龍果，但兩個麒麟果則賣五十九元。雖然價錢貴，但銷量依然不錯，因為城市人應酬工作忙、運動少，於是便秘成了常態；為了讓腸道健康不致出現嚴重疾病，麒麟果的快速清理效果令人安心又舒心，最重要是果肉清甜美味，同時又有護膚減肥功效。

為了證實麒麟果那特強清理腸胃功效，我也買了幾個回家品嘗。朋友說得沒錯，怪不得備受力捧，真能排毒嗚！

我們常說，便秘是美容大敵，體內積存的垃圾沒有及時清理，皮膚狀況馬上就會顯現出來，例如痘痘、乾紋、膚色暗啞、掉頭髮、心情抑鬱等等。有人稱麒麟果的甜味是假甜味，其清甜不是一般水果的清甜。惟此果富含膳食纖維，進食後有助推出體內毒素，使各個臟腑都變得乾淨。此外，它含有豐富的單一不飽和脂肪酸，能減低患上心臟病的風險。同時又能對付壞膽固醇，預防高血壓。

不過請注意，必須確定自己體質是否適宜進食，也請勿過量進食麒麟果，不然會產生過敏徵狀，包括麻疹、喘氣、噁心或嘔吐、舌頭或嘴唇紅腫、口腔內痕癢或有刺痛的感覺。是的，每人體質不同，你的蜜糖可能是我的砒霜。

這一陣，我已吃了好幾個，除了第一次覺得好食就食呀食呀食完一整個（結果當然中招，整日出入洗手間）。此後，每次都是食半個為限，用茶匙掏着吃，別有風味。本以為它來自中國，因為我在肇慶見過類似的，原來此果來自哥倫比亞、厄瓜多爾。

唾手可得的天然面膜

那晚吃飯後，我用刀子把一個麒麟果切成兩半。洗刀子時，發現刀身附着麒麟果的黏液，像蘆薈般的黏液。我想起了它富含的各種養分中，花青素是特別豐富的。花青素的功能，是可以防止物質慢慢氧化變質的，即是說它有抗氧化能力，可以清除自由基，讓皮膚消退細紋，讓五臟六腑老化的速度減慢下來。

將果皮包好冷藏，可隨時護膚。

換言之，除了食用之外，它的黏液應該可以作為天然面膜。於是，我用茶匙掏挖果肉進食後，把果皮內的白色部分挖出，然後直接敷到已經洗乾淨的面頰上、額上、下巴和頸項前部。在敷用的半小時內，感到皮膚有緊致的效果。接着就用清水洗面，再抹上椿花油來防曬保濕。

自此，每次食完麒麟果，我都可以做這個敷面護膚的功課了。至於剩下的果皮，不妨用保鮮紙包好，放入冰箱內保存。有需要時，可以隨時拿出來使用。麒麟果的黏液和像芝麻的種子，就是令腸臟蠕動而達到通便效果的功臣，也是解毒保胃的天使。

迎接褪黑激素

為了與時間競賽，於是習慣了晚睡早起，以爭取更多工作時間。最近，看了一篇有關褪黑激素的文章，說想皮膚好，最好能在晚上九點左右，不要遲過十點，上床睡覺；因為這個時間是褪黑激素開始分泌的時間，身體一定要在紓緩情況下，才能接收到褪黑激素的好處。

它的好處是延緩衰老、促進深度睡眠，可以穩定細胞周圍的內環境，防止細胞發生病變如癌症，可以加強人體免疫力。單是為了獲得褪黑激素的魔力，已有足夠動力在晚上十點前睡覺了。小時候，我們已知道早睡早起身體好，長大了之後百務纏身，工作沒完沒了，晚上十點上床總感到是一種浪費。不過，工夫長過命，為了蓄養更多精力去完成任務，真不能不早一點休息睡覺。

該文章又說，熬夜會導致內分泌失調，令人容易水腫、發胖。此外，早睡早起會令人更加開朗，疾患不會纏身，做事有計劃有條理，不容易有抑鬱症。另外，睡眠質素改善，也可以紓緩高血壓，防止中風。因此，我開始了早睡早起這個好習慣，清早起床吃過早餐後，在出門前還有時間寫篇稿、讀幾頁書。

胃氣脹這回事

在一個飯局中，座中有一位朋友忽然抱着上腹、皺着眉頭說：「胃氣脹又來了。」

問醫生，究竟胃氣脹是甚麼東西？醫生說，這是指患者在飲水或進食之後，上腹部出現脹痛感或壓迫感，令人有想嘔的感覺。如果健康沒有嚴重問題的話，例如腫瘤、胃潰瘍等，一般的胃氣脹成因，多出自患者的消化不良；特別是吃飯之後。所以，近年許多養生專家會鼓勵大家多做揉腹運動。

這種揉腹運動，是清代乾隆皇帝的養生法寶之一，據說他一天會多次做這個運動。方法是從心口至小腹這個範圍，先用右手從心口而下的順時針方向，搓揉三十圈；然後，左手逆時針方向搓腹三十圈。

其實，要避免胃氣脹，基本方法是慢食，慢慢咀嚼，不要狼吞虎嚥。吃飯時要專心，最好恪守食不言、寢不語這個訓示，這樣才不會有消化不良的出現。此外，戒吃或少吃不易消化的食品，如豆類、牛肉等。有人吃完花生這類的豆類食品，就會放屁來化解胃氣，也有人則會不停地打嗝。

你知道嗎？便秘也是導致胃氣脹的原因之一，因為便秘令腸道內應排走的氣體（屁）留在體內，影響腸臟暢通。

如何適當地吃黃薑？

誰說咖喱一定是黃色的？別忘記，還有紅咖喱和綠咖喱啊！黃咖喱的黃，原來是來自黃薑粉或薑黃粉。仍然有人問薑與黃薑有甚麼分別？

兩者都是薑科家族的成員，葉子相似，都有地下莖，以及一截一截的莖指；但兩者味道不一樣，用途也不一樣。黃薑經過清洗、蒸煮、乾燥及去皮後會被研磨成粉末，其味道聞起來有一種近乎胡椒、又有點橘子及生薑味的芳香，味道剛中帶苦和麝香味，它的黃色就成了咖喱粉的黃。日本人愛吃的醃

黃蘿蔔，就是用黃薑粉着色的；歐美的黃色芥末醬，亦添加了一些黃薑粉。

除了調理食物，它還可以用來為棉布、絲染色呢！一位印度朋友告訴我，她們一班女生常把黃薑粉調成糊狀用來當面膜用。在對人體健康方面好處多得很，例如它能促進消化、增進食慾、止痛、止血。此外，也有個說法是可降低膽固醇、預防血栓形成等等。

如果你要選購黃薑粉，專家認為產自印度、海地、牙買加的最為優良。以色澤深黃為上品，最好以鐵罐密封，放在乾燥地方來保存。

黃薑，怎麼個吃法？我會去泰國雜貨店買新鮮的黃薑，有些的薑肉是紅色的，也叫紅薑黃，用四兩左右來煲黃薑糖水當茶飲；先把薑洗淨，不去皮。用刀背拍扁，放入湯煲加入六大杯水，大火煲滾改中小火，加入片糖一塊，煲十五分鐘，焗十分鐘即可飲用。此茶有祛瘀活血、祛風、通經、健胃、止痛、減肥之效。

此外，我也久不久用黃薑粉煮一鑊美味的黃薑飯。

材料：黃薑粉一小茶匙、牛油三十克、洋蔥一個（切小丁）、雞湯、米（按食用人數增減）。

做法：

一、在平底鍋放入牛油，小火加熱使其溶化。下洋蔥粒，炒至略呈透明。

二、把雞湯煮開，加入黃薑粉，煮勻（代替煮米水）。

三、把米、黃薑粉、雞湯、洋蔥粒，全倒入電飯煲內，按掣煮至飯熟。

四、食時加幼海鹽、胡椒粉即可；豪華一點的，可加入青豆仁、熟瘦肉粒、熟海鮮塊、熟臘腸粒等，拌勻，即成香噴噴的黃薑飯了。

雖然黃薑有抗氧化、抗發炎、促進新陳代謝的作用，但不是任何人都可以吃，例如孕婦、女士來經期間就不能吃。黃薑除了能活血化瘀，也有抗凝血作用，這不僅使經血加劇，對孕婦也相當危險。

我又「被鬼摵」？

收到讀者來信，問這樣一條有關腿部皮膚的問題：「莫名其妙地，我的腿出現了紫一塊青一塊的斑，好像小時候被阿媽用波板打一身一樣。我左思右想也記不起自己甚麼時候在甚麼地方碰過撞過。我問過朋友，朋友說這叫做『被鬼摵』，究竟是甚麼原因呢？」

這種俗稱為「被鬼摵」的斑塊，好發於女士們的皮膚，會慢慢自行消失的，所以不必擔心。它與血小板有關，由一種叫紫癜的疾病引起，是血液中血小板減少引起的一種出血現象。

血小板是一種血液凝固的細胞，減少後如果發生外傷出血，就會有流血不止的現象。血小板減少、數量不足的原因很多，例如身體抵抗力弱、因服食某些藥物的後遺症等。血小板減少，除了出現上述徵狀外，也會引致月經量過多、牙齦出血、流鼻血等等，嚴重的會影響視網膜、泌尿道功能等。

身上只出現小小的一塊紫瘢，是不會構成大問題的，而且幾天後就會自動消失。不過，若出現了許多塊有大有小的紫瘢的話，就得馬上去看醫生。

所以，還是那一句，每日保持適量運動讓血液流通順暢，不要隨便食藥，哪怕是維他命。

米醋，柔順秀髮

要頭髮質地柔軟，我鼓勵大家用這個方法，就是洗頭後，用風筒把頭髮吹至八成乾，然後用噴水壺全頭噴一次稍為稀釋了的米醋，之後用手按摩頭髮及頭皮一分鐘，靜待五分鐘待頭髮吸收米醋後，用熱風筒把頭髮吹乾。這時候，你用手摸摸頭髮，會發現那是一頭柔順的頭髮。

米醋就是有軟化皮膚的功能，就連皮膚的附屬品——毛髮，也一併照顧了。

為甚麼要用熱風筒來吹乾，因為可以一併把醋酸味蒸發掉。這個用米醋來護髮的方法，特別對那些有一頭乾旱頭髮，即所謂的鐵線頭特別有效。

此外，因為醋屬於弱酸性，可以平衡頭皮酸鹼值，當米醋噴到頭皮上時，也可滋養頭皮、增強頭皮的健康度，使毛孔清潔無阻塞，令皮膚細胞壯健。這樣一來，大量脫髮的情況，自然減緩了不少。

三千煩惱絲的確最煩人，有人以為減少洗頭，就等於減少脫髮，這觀念當然不科學，與斬腳趾避沙蟲是一樣道理。

不過，得提醒讀者一句，若皮膚過敏或有皮膚病者，則要小心考慮是否適合使用了。

固齒、防感冒小竅門

曾介紹清乾隆皇帝的養生方法數則，我也在自己的面書分享了；網上一位讀者留言，說乾隆每天必做的一個養生功課，就是「齒常叩」，問我可否給其他讀者們推介一下。

讓我先講叩齒的方法，就是有節奏地上下齒叩打，先是兩側大牙，然後是門牙。每日可進行多次，每次至少二十下，力度不必太大，適中則可。唐代名醫孫思邈對養生頗有研究，他說：「清晨一盤粥，夜飯莫教足。撞動景陽鐘，叩齒三十六。」「景陽鐘」即古時提醒文武百宮上朝的鐘聲。

每日適當地叩齒，可以增加生理性刺激，促進血液循環，並增強牙周組織的抵抗能力，堅齒固齒。最重要是防範牙齒的鬆動、脫落。同時又可以活動面部肌肉組織，促進血液循環，防止皺紋的產生。

一旦提及面部肌肉的保養，令我想起乾隆養生秘訣的其中一個「鼻常揉」。用雙手沿鼻子兩側搓揉。原來肺開竅於鼻，鼻是肺之門，是氣體進出的地方。揉鼻能促進鼻部血液循環，讓鼻道暢通。如此一來，可以防感冒、防鼻炎等上呼吸道疾病。方法很簡單，用手指快速擦鼻兩側二十下，用手掌心捂着鼻子並旋轉搓揉二十下，每天可多次進行。

紓緩喉嚨痛湯水

近日流行三個字：「標尾會」，聽說許多人確診，當中不少已打了三針疫苗的，更誇張的，是我有一個鄰居已經打了五針，一樣中招。結果，整個假期就留在家中。煎熬幾天，休息充足，精神滿滿地增強了免疫力，不用再為怕感染病毒而飽受虛驚。

我那位打了五針的鄰居，以為萬無一失，所以最初出現暈眩、喉嚨痛時，並不在意，多得她兒子勸她立即做快測，看見兩條紅線的警號，才曉得真的確診了。

為了紓緩喉嚨痛楚，她着家傭煲了一劑她笑說是糖水的正氣湯水，飲了兩碗，她說喉嚨舒服了許多。於是，再加碼煲多次來飲，結果喉嚨不痛了。我追問那是甚麼仙水靈湯？她說是她小時候母親常常煲給孩子們飲的，說能清肺紓緩喉嚨痛。

材料很簡單，包括糖冬瓜、栗子和粟米鬚。一看這個組合，就知是清肺潤喉的湯水。大家不妨照辦煮碗，為家人煲一罉，閒時也飲用，潤肺保安康。至於分量如何？鄰居笑說：「隨便就可以。」

一種齋戒

都說養生減肥可以各師各法，總之實行過後，能帶來美好成績就是好方法。

一日，聽文化圈朋友說，圈中一位德高望重、日理萬機、年過六十的男士，平日除了游泳、行山、曬太陽，來保持頭腦清晰、身形健美外，還會久不久來一次辟穀。

他會選一個日子，連續三、四天進行辟穀，每天只吃一個蘋果，然後就是多飲清水。大家聽完後，莫不驚歎：「怪不得晚晚應酬不斷，都可以保持身段啦！」同時，他每日下午都會小睡半個小時，作為再戰江湖前的養精蓄銳。

忽然想起長輩們愛說：「餓兩三日，不會餓壞的。」但說兩三日完全不眠不休的話，就會容易出事。

辟穀這種節食方式，可以說是清理腸胃的一種方法吧！尤其對大都市天天坐

在冷氣房工作又營養過剩的人而言，久不久進行辟穀，不僅可以調理腸胃，也可以調整思緒。

一個人一旦內裏頭腦清空了，腦筋也會寧靜安分過來，不會再天真無邪地黑白是非不分，好人奸人混為一談。

不做病君

剛收到一些提醒大家注意某些常被忽略的病症的訊息，例如心絞痛。聽說中國四大美人之一的西施，患的是心絞痛，是以痛楚一到，她就會捧着心皺着眉，狀甚痛苦，我見猶憐。

如此心痛的症狀主因為何？醫生說，這是偶然心臟得不到足夠氧氣所致，當你感到痛楚時，應馬上休息一會，若是知道自己有此症狀的話，請專科醫生預先開藥隨身帶備，以防不時急救之需。此外，當心絞痛一日多次出現時，或突然出現劇痛時，就必須立即去見醫生。遇上冬天氣溫急劇下降時，也是誘發心絞痛發作的季節；因此，大家必須加緊注意。

另外，慢性氣道阻塞病，其病徵是呼吸困難，通常以長期吸煙者最常見。防治方法當然就是停止吸煙，不然服多少藥也是無濟於事。此外，就是每日做深呼吸或帶氧運動；同時，定期去見醫生覆診，按時服藥。

相信不少人也遇過這樣的情景：當你飢餓時，有頭暈及出汗的情況出現（真正的餓到暈），這可能是血糖過低，這時應吃一點餅食或吃一粒糖，並盡速求醫。事實上，低血糖症是糖尿患者最常見的急性併發症；因此，絕對不能掉以輕心。

四季平安湯水

日前喉嚨痛，心想，終於輪到我了，要自我隔離四、五天了。緊張了一會兒，念頭一轉，立即叫自己冷靜下來，應先做快測才是正路——結果是一條線，陰性。

不過，喉嚨依然痛，人定了下來，就想起了一道潤喉潤肺潤皮膚的湯水，二話不說到菜市場買齊湯料。

這道湯水的材料，包括：紅蘿蔔兩大條、蘋果六個、大紅棗二十顆、豬腱六兩（不要用排骨，因為凡骨都躁火）。

做法：

一、紅蘿蔔去皮、切小件；紅棗去核

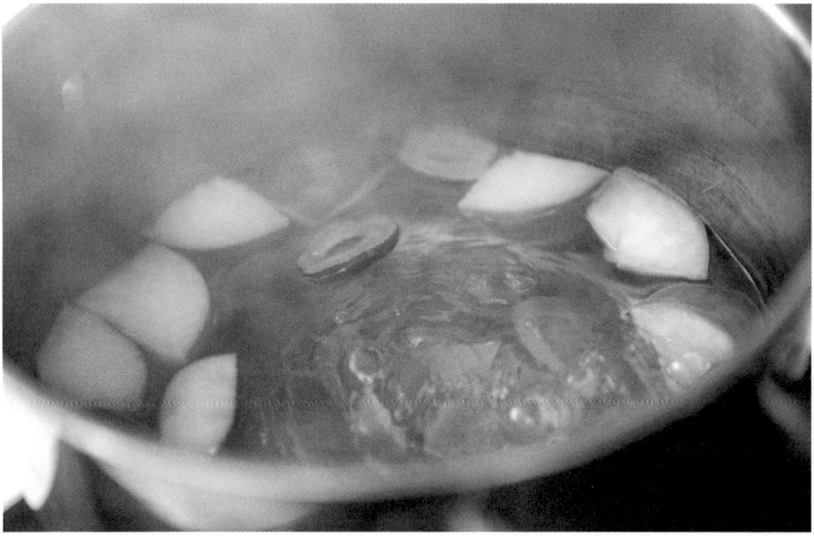

切條。

二、將豬腱飛水，整件放入湯煲，與其他食材一起煲，至少用十碗清水。

三、煲滾後轉中火繼續煲半小時，熄火，焗二十分鐘至半小時，再開中火煲半小時，讓食材的鮮味、甜味全滲到湯水，最後放入海鹽調味。

我飲了兩大杯之後，喉嚨不痛了，連帶那種沾寒沾凍的情況也沒有了。

我們的父母輩稱這道湯水為四季平安湯，是最好的家居湯水，能給予家人有種家的感覺。這種乍暖還寒時節，不論有多繁忙，都必須抽出時間為家人煮餐飯、煲個湯，滋養一下彼此的健康和心靈。

簡易養生法——站樁

應香港貿易發展局的邀請，在去年的香港書展舉行了一場分享會，並乘機作為新書發佈會。當看見人流不斷進入演講廳時，立時有種不負大會所託的安慰。最是教人動容和得益的，是嘉賓們教大家做簡單的拉筋運動，當然要日日做。

蕭粵中醫生即場教我們站樁，直立身體、雙腿微微分開，與肩膊成直線，雙手放鬆下垂，膝蓋微曲，背脊挺直，雙目望向前，保持呼吸氣息均勻，站立三十分鐘。蕭醫生說，他初做這個被稱為「不動的武功」的「站樁」時，未到三十分鐘，雙腿已經在顫抖，垂下的手指感覺如在發脹。當他知道這是個養肺、健胃腸的武功時，就每日練習了。

我聽完後，當晚臨睡前做完我日常的基本拉筋、平甩功後，就加上這個站樁。我只站了十五分鐘就投降了，不過仍然會堅持晚晚做，先以十五分鐘為限，待習慣了才加至三十分鐘。原來，站樁能激發氣血、增強腿力（人老腳先衰）、能增強平衡能力、不易跌倒、鍛煉沉穩、夏天不怕熱冬天不怕冷。站樁能使身體發熱，通達全身，暢及四肢，並能使毛孔張開而微微出汗。

站着時，讓嘴巴保持似笑非笑的狀態，用意是同時做叩齒吞津功，先是兩邊牙齒有節奏地互叩三十六下，然後是門牙位置又互叩三十六下。接着是用舌頭於口腔內貼着上下牙床、牙面攪動（先上後下、先內後外）三十六下，再把津液徐徐吞下。叩齒能健齒、固齒、提高牙齦抵抗疾病的能力。

吞津則是按摩齒齦、改善血液循環。這是一個需要用腦來指揮、控制的動作，即是在運動的同時，也能防止腦部退化和出現記憶衰退。站一下也會有益身心的站樁，由於「站」的時候要收斂心神，才能讓氣入丹田，心氣合一；因此對高血壓、神經衰弱、胃腸不良、失眠等有療效。

聽有站樁經驗的前輩分享，一切站立姿勢例如膝頭彎曲度不能超出腳指頭的範圍，收心靜息等，此時應把注意力用意念放去湧泉穴（足底），除了兩手的手指有脹感外，會同時感到有一股暖流從湧泉穴往上竄升，直至腰間兩腎地方。

隨着這一股暖流，雙臂會自然往外伸如同抱住一棵大樹，此時放鬆，轉把注意力放到丹田處。初「站」時每次十分鐘，每天做三次，不要空肚做，盡量在飯後半小時或一小時為宜，以穿上寬鬆衣服最好。我都是試着做，不勉強。

痛風不要來

在餐桌旁聽一位曾經患上痛風但痊癒了的長輩，在向正患有痛風的晚輩，傳授他的坊間古方。晚輩苦着臉望着自己最愛的燜冬菇、清湯腩、韭菜炒蜆……啜着嘴，原來，這些食品都是痛風禁忌。

我問他，除了大拇指又腫又痛之外，還有甚麼部位痛？因為聽說他有兩天完全走不到路。

他答道，膝頭痛得不能動彈；長輩大大聲教他煲木瓜水當茶飲。據長輩的經驗是，飲了兩天後，關節就不再腫痛了。然後，第二步是減肥，並小心飲食，不能再像以前一樣暴飲暴食。長輩說，自己一直持之以恒，這些年來，這個被戲稱為富貴病的痛風，已經沒有發作。

長輩煲的木瓜水，方法很簡單，做法如下：

一、將一個中型木瓜，洗淨後切細件，連皮連籽加入半鍋清水，一起煲至腍熟。

二、飲湯水，可以加點幼海鹽調味。翌日再用新鮮木瓜照辦煮碗，再飲用一劑。

據香港餐務管理協會對木瓜的介紹：「健脾胃助消化、祛濕舒筋……軟化血管和抗菌消炎……」這類有益湯水，如老人家所言：太子都食唔壞。不過，大家都要按自己的身體情況而定。

肌膚保養與蛋白質

許多女士，頭頂、背部給冷風吹了十分鐘左右，就會出現頭暈、頭痛，甚至打噴嚏的情況；這是體質問題，中醫稱之為外感風寒，證明你正處於亞健康狀態，抵抗力不足。

營養專家建議，要增強抵抗力，應多吸取蛋白質，它是構成體內組織、生長發育的基本原料。機體中的每一個細胞和一切重要組成的部分，都不能缺少蛋白質的參與。我們生命的得以延續，就因為有不斷且正常的新陳代謝。蛋白質是維持生命的主要元素，一旦攝取不足夠，不僅免疫力下降，還會出現肌肉無力、肌膚暗啞、易生皺紋。

蛋白質分有兩類，一如你知道的，分有動物性和植物性。動物性的主要有雞蛋、牛奶、肉類和海鮮。植物性就包括了五穀雜糧。吃素者不妨多吃黃豆類製品，如豆漿、豆腐、納豆等，豆類和米都是很好的蛋白質來源；所以，每日能吃

一碗白米飯是很重要的。

此外，別忘記吃雞蛋，它是最便宜的優質蛋白質來源。我每日至少吃一隻烚蛋，連蛋黃一起吃。蛋黃有我們必需的維他命A、D、E及K。各種微量元素也集中在蛋黃裏；還有，怎麼可以錯過它的卵磷脂呢！

卵磷脂與青春長駐

我吃雞蛋必然連蛋黃一起吃，因蛋黃是卵磷脂的直接來源。吃蛋而不吃蛋黃，我認為等於白吃，而且也浪費了這隻雞蛋，不如乾脆不吃。

卵磷脂又稱為蛋黃素，它有「血管清道夫」的稱號，能夠促進膽固醇代謝。它彷彿乳化劑一樣，協助脂肪跟血液混和，令膽固醇容易代謝，血液黏稠度下降，改善血栓或動脈粥樣硬化的風險。卵磷脂可以防止長者記憶力衰退，亦可改善老年認知障礙、穩定情緒。

對更年期婦女出現的失眠、潮紅、焦慮症，卵磷脂都有很好的紓緩作用。由於卵磷脂是由多種油脂合成，對大腦、神經都有良好的保健作用。卵磷脂與蛋白質、維他命並列的「第三營養素」，是生命的基本物質，從受孕開始，它已經存在於每個細胞之中，我們的生命每時每刻都離不開它的滋養和保護。

卵磷脂最集中的部位，包括了神經系統、血液循環系統、免疫系統、肝、心、腎等重要器官。為了這些系統和器官的健全，哪能不給予適當的營養補充？這些臟腑能保持健康，當然可以延年益壽，皮膚亦得以延緩衰老。

蒜頭——保青春高手

我每日飲用的米醋，是浸泡過蒜頭的那一種。我的飲法是，在大半杯溫水中，放入兩大茶匙米醋，再加入一茶匙蜂蜜，調勻，一口氣飲用，天天如是，風雨不改。這種飲法，是十多年前一位台灣讀者教我的。他說蒜頭最靠譜，對人體最有用的成分，就是那刺鼻刺喉的蒜素。

蒜素被稱為天然的抗生素，對提高免疫力很有功效，每天飲用浸過蒜頭的米醋，必定減少感冒的機會，因為米醋中含有的蒜素，加強了體內細胞殺死壞菌的戰鬥力。

蒜素加米醋能降三高，有血壓高的人士，不妨每天飲用；因為它有助血管擴張，令血液能順暢地通過，也有降血脂的功效。因為它可以促進脂肪的代謝，特別是那些天天坐着的白領上班族，久坐多病之餘，還養了個肥腩，每天飲用兩茶匙蒜頭浸米醋吧！尤其在這個疫情仍會隨時反彈的時日，為人為己請好好保重。

蒜頭也是很好的抗氧化劑，它不僅含有蒜素，還有香豆素、胡蘿蔔素、楊梅素等，不但有防癌功效，同時也是保青春高手！

蒜頭養生強體法

望着蒜頭，想起了在日本被稱為昭和年代的國民電影女神高峰秀子。她五歲從影，是木下惠介、成瀨巳喜男、小津安二郎等大師爭相起用的女演員。秀子三歲時，生母病逝，由姑姐平山志夏收養。一日與丈夫帶着五歲的秀子去片場洽商事務，養父把她推到小孩當中為《母親》的電影面試，結果又瘦又弱又不起眼的秀子給導演選中，此後片約不斷。

秀子在她的自傳作品《我的渡世日記》中寫道：「第一條件，首先必須是結實的身體。它甚至排在長相、身材和演技的前面。可以說，演員這一職業極其消耗人的體力和精神，是以演員必須有結實且充沛的體力。」

秀子說，她從北海道來到東京拍戲時，瘦得像棵豆芽，收入微薄的童星哪來

閒錢買大魚大肉來補身？可是一旦病倒了，就甚麼都沒有了。養母於是用她家鄉的養生強體方法，每日教秀子吃一瓣蒜頭，起初因為那蒜素的氣味和口感，她死活都不肯吃，養母追着她滿屋跑。

最後，養母使出利誘招數，往她手裏塞一分硬幣，為了這分錢，秀子乖乖的吃了四年，她的身體變得結實健康，青春期也沒有長青春痘。直到五十五歲退休時，她的身體一直健康，更被稱為「健康優良兒」。

鍛煉毅力和恆心

運動是非常非常重要的，除了舒筋活絡外，還能讓氣血暢順、營養皮膚，以及保健養生。那晚，我跟曼克頓扶輪社幹事們分享的「Ling Lee 健美功」，一共八式，日常僅僅騰出四十五分鐘左右，已經可以紓緩或去除上落樓梯的膝頭痛，令人神清氣爽、活化大腦、腎陽足、腰腿好、增強免疫力。

我當場做了示範，社員們也一起跟着做。這是一套以柔制剛的靜功，主要在拉筋，我只是把各種我曾學習且感到十分奏效的體操和工夫，分了八個程序來進行。練肌肉、腿力的同時，又可以減肚腩、胃腩和紓緩坐骨神經痛。每次完成這健美功八式，都會出汗，是微微的冒汗，身體已經在排毒了。中醫學認為，這種微微出汗程度，對身體最好，尤其是女士。

透過這次現場練習，我發現原來有些朋友，連把手放到背脊上部都十分吃力，更遑論要用另一隻手從腰際往上伸，捉緊從上垂下的手並拉拉手指了。不過，只要每天堅持，一定可以做到，而且有回報。每天做這些「功課」，可以健美清心外，還可以鍛煉毅力和恆心。許多人下班後回到家裏，吃完晚飯就坐着看電視，都推說一整天工作已經夠疲倦，那來精力做運動？結果就養了肚腩，然後賺到的是膽固醇過高、糖尿病、高血壓……

牙齒關乎一生衣食

某大機構接待處年輕女職員禮貌周周，笑容可掬，可惜開口回答我的查詢時，一口牙齒白得不正常地耀眼，嚇得我差點倒抽一口涼氣。在好奇心的驅使和不叫人難受的情況下，我違心地讚她明眸皓齒，並請教如何能有這個效果。她開心答道，是用了漂白牙貼來「漂」牙。

基於禮貌，不能再這樣問長問短了，在辦妥事情後，回到家裏向相熟專家打電話問功課。原來，真有美白牙貼這回事，已經面世了好幾年。宣傳說能亮白牙齒、去牙漬等，用兩個星期便可以見效；更有一種聲稱三十分鐘見效，採用的是LED亮白科技，還得加入甚麼齒匣等等。

我的牙齒也屬潔白整齊，這當然得感謝父母的愛美和不令子女失禮人前的要求。我很小的時候，他們先用了心理攻勢，常說：「有一口潔白整齊牙齒的，一生衣食無憂。」誰不想一生衣食無憂？接着就是每隔一段時間去見牙醫，檢查

也好，脫牙也好，總之由牙醫發辦。長大自立了，每六個月會去見牙醫一次。至於日常保持牙齒的潔白方法，早晚刷牙時會用小梳打粉加美肌食鹽（幼海鹽）一併刷，既能美白，又能預防牙周病，兼且去除口氣。

用小梳打粉加上幼鹽刷牙，令牙齒美白健康。

煮出甜美粟米

今日之前，我未試過成功地煮出美味甜粟米的，能用的方法都試過了，例如焓、蒸、燒、微波爐。煮出來的原條粟米，當然可以吃，但不是印象中、要求中的甜、美、脍。日前，收到好友送來四條號稱正斗粟米，我喜歡一整條的吃。但如何焓、蒸等烹調，才會好吃？才不會破壞它本有的甜，甚或使之更上層樓呢？於是，上網求救，得到的「指示」好簡單，立即行動，果然好味道，我可以成為煮超甜粟米專家啊！做法如下：

一、先把粟米去「衣」，但必須保留兩三塊貼身的，不能撕走。原來，它們可保護粟米甜度在焓煮時不會全部流失。

二、把原條粟米放入注有適量清水的鍋內。

三、放入一茶匙小梳打粉。

四、大火煮開後，轉中火煮十分鐘。

五、加入適量海鹽再煮兩分鐘，超甜粟米煮成。

其關鍵就在那小梳打粉（Baking Soda），它真神奇，可以去除農藥、可以擦亮銀器、可以洗衣除污、可以令門窗地板更潔亮，我則用來刷牙，讓牙齒潔白亮麗、防牙周病。

認識皮膚發紫發黃的原因

至於發紫的皮膚又如何？那是皮膚黏膜呈青紫色，發生的部位常見於舌、唇、面頰、耳廓和肢端（例如指甲呈紫色），這是身體嚴重缺氧的表現。患有哪種疾病的人會有此現象呢？答案是先天性心臟病、嚴重的呼吸系統病患者。

此外，日常大量進食含亞硝酸鹽高的食物（例如隔夜餸菜、臘肉、香腸、火腿、不新鮮的肉品、魷魚乾等），也可以導致皮膚發紫。這是因為亞硝酸鹽將血紅蛋白氧化成為高鐵血紅蛋白之故。這都是有致癌成分的食品，千萬小心，不要天天攝取。醫生早已提醒大家少進食鹹魚和腐乳這些醃製食品，而且每天必須均衡飲食；否則，到了發重病才後悔，也許太遲了。

皮膚發黃又如何？是甚麼成因？原來過量食用南瓜、常常飲用桔子汁和紅蘿蔔汁，會令血液中的胡蘿蔔素含量增加，令皮膚「染黃」，發黃的部位多在手掌、足底、前額及鼻部皮膚。但如果患有膽道阻塞性疾病、肝細胞損害及溶血性疾病，也會使皮膚發黃。若長期服用曾被廣泛應用於治療及預防瘧疾的阿的平黃色藥粉，都會使皮膚發黃；但在停止服用後，皮膚染黃現象即消失。

你有這些足患嗎？

我們的一雙腳，猶如一棵樹的根，根部出了岔子，腐爛了，縱使有枝有葉，樹都會倒下，我們的血肉之軀也是一樣道理。坊間有云：「人老腳先衰」，腳部一旦出了問題，軀體的四肢百骸就會受到影響，馬上出現未老先衰的現象。因此，愛護、善待雙腳是養生、養顏的一個重要課題。如果能夠每晚用艾粉加薑粉熱水泡腳的話，你的雙腳一定不會受真菌感染。

雙腳若被真菌感染的話，徵狀是腳趾間的皮膚裂開、糜爛、有膿泡、非常痕癢，還夾着異味。腳趾甲也是真菌最受侵襲的部位，於是出現了灰甲，這就是平時不把雙腳照顧好的結果。為甚麼會被真菌感染，這個與鞋襪是否乾淨衛生有莫大關係。每日穿着密封式的鞋子，再加上一雙不能吸汗的襪子，真是遲早中招。

泡腳的好處是，促使血液運行暢順，中醫有「通則不痛」的理論，病痛的產生百分百與血液不能順利運行有關，有時會導致忽然腳趾麻木、痠痛，弄得走路時高低腳，或者一拐一拐的，甚或動彈不得。有人說這是因為缺乏維他命B_1之故，但我更相信讓血液暢順無阻這個防治方法。

為甚麼睡到半夜抽筋？

朋友May學人減肥，不問情理也不作考究，就進行節食，往往餓到在睡夢中乍醒。近日，還出現睡到半夜小腿抽筋的情況，四十多歲人給嚇得大呼小叫，以為健康出了大問題。她馬上去見醫生，醫生說她進行的節食，可能導致營養不均、缺鈣。由於鈣的吸收或攝入不足，導致小腿抽筋。醫生勸她，即使節食也得注意均衡飲食。

講到久不久會在半夜小腿抽筋這回事，如果偶發性的話，可說是屬於稀鬆平常事；要是經常出現的話，就有問題了，醫學上稱之為「繼發性腿抽筋」。甚麼人會有這種麻煩呢？患有某種疾病的人，是無可避免的；例如糖尿病、甲狀腺疾病、尿毒症、肌肉系統疾病（即肌病，主要關乎肌肉的收縮和擴展能力，所謂的肌力弱）等，都會經常出現小腿抽筋。

但常見的成因，除了上述的減肥節食引致缺鈣外，還有下面一些原因：疲勞過度、休息不足或者休息過多，導致局部酸性代謝產物堆積而引起肌肉抽筋。

不過，一旦睡眠過多過長，令血液迴圈減慢，使二氧化碳堆積，也導致小腿抽筋。

如果走路或運動時間過長，往往會令下肢出現疲勞過度或者睡眠不足，即會導致乳酸堆積，睡眠中就會出現小腿抽筋的情況。另一問題是睡姿不好，例如長時間仰臥，讓被子壓在腳面；或長時間俯臥，令腳面抵在床鋪上，使小腿某些肌肉長時間處於絕對放鬆狀態，引致肌肉產生「被動攣縮」。

另一方面，超過五十歲的婦女，由於雌激素下降、骨質疏鬆，都會令血鈣水平過低，肌肉的應激性（Stress），使小腿部位的肌肉突然不自主地劇烈的收縮，痛得跳起，影響睡眠。當這種情況出現時，往往令在睡夢痛醒過來的人，有種腳筋快要給扯斷了的恐懼。

我的方法是使勁把腳的大拇指往上翹，並緩緩把腿伸直，一切好快又回復正常。也有人會撐着坐起身來，用雙手快速搓擦小腿，以紓解突發的抽筋。為避免出現這種「驚嚇」場面，睡眠時要注意保暖或穿上一對寬鬆的棉襪子；又或在睡前，用熱水加生薑粉及艾粉浸腳。同時，每天拉伸腓腸肌（小腿後肌肉），以及均衡飲食，這就萬無一失了。

當瘦豬肉遇上秋葵

疫情仍沒完沒了，對於增強免疫力依然不可掉以輕心啊！於是，想起了幾個月前鄰居林太教我的提升免疫力湯水——瘦豬肉煲紅棗。

到肉店買瘦豬肉，店員問我用途是炒的還是煲湯的？我說是煲湯的。他就指着純瘦的一款，示意此為最適合。我點頭，買了一大塊。他邊磅邊說，那是豬的大腿肉，然後又多加一句，這種天氣，瘦豬肉煲秋葵也是潤肺通腸湯水。我連忙多謝他教路。

其實，也是第一次聽到原來秋葵也可以煲湯這個食譜。你也不妨試試，非常容易煮，口感也不錯。現在正是秋葵當造季節，它營養豐富，最突出的功效，當然是緩解便秘通腸胃、調節血壓、減肥，配以能滋陰潤燥、治產後血虛、腎虛體弱的瘦豬肉，卻又十分合拍，還可治燥咳呢！

但要注意一點，因秋葵含鉀量高，患有慢性腎病的人不宜多吃。

避免記憶力衰退的運動

氣血循環順暢，五臟六腑又健康，皮膚自然細緻有光澤。我領着瑪利諾修院學校小學部家教會的成員們做拉筋運動，一個環節一個環節地去做，完了一個環節就做一次熱身動作，並向他們介紹每個拉筋動作對身體的重要性。

每一個動作都是做五至十分鐘，好處是可以在室內做，例如住所、辦公室，不會對他人造成騷擾。譬如有一個動作是「金雞獨立」，只消在原地單腿站立，不用扶手，每次安靜地做五分鐘。這是一個強化關節、鍛煉身體平衡的動作。在進行的過程中，必須充分調動大腦神經平衡身體；由於大腦得到這樣的鍛煉，就有機會避免出現腦退化，增強免疫力。

我跟與會者說，堅持每天做至少一次，對高血壓、高血糖、頸腰椎病很有功效。其實，可以按個人情況逐漸加長站立時間，也可以換腳繼續站立。這個動作對於胃部不適、消化不良的人士，也很有幫助。在大家齊齊做了「金雞獨立」這個動作後，我問與會者感覺如何，答案是身體已微微出汗……

「金雞獨立」能強化關節、鍛煉大腦。

痛風，戒飲老火湯

有一陣子，人人愛飲老火湯，個個學煲老火湯，作用當然是養生健體。但近年發現，老火湯會是一個健康陷阱，痛風也因此而起，已經令許多講究正確地養生的人卻步。

譬如說，許多人煲老火湯時，愛放入豬骨、瘦豬肉等，因為好味道，而且相信豬骨的鈣質會溶解在湯裏，這樣就可以讓身體增加鈣質，防止腰痠骨痛了。但是，卻萬萬想不到，湯水就算熬三個小時，鈣質都不會被溶解出來的，反會將骨髓內的飽和脂肪與湯水混為一體，飲用後，當然對健康有害無益。

同時，請留心，肉類經過長時間的蒸煮，其含有的嘌呤會釋放到湯水中，常常為進補健體飲老火湯，會吸進大量嘌呤，促增體內的尿酸水平，一旦過量了，就出現痛風症。因此，如果你有痛風，最好戒掉老火湯，改飲清淡健康的滾湯。

患痛風的人都會難忘病發時的痛苦，不僅只是關節疼痛，還伴隨紅腫，好發於大拇指，所以連走路都有困難。認識一些患有此症的朋友，試過三更半夜發作，食止痛藥都幫不了忙，惟有去醫院急症室打一枝止痛針，這才給紓緩下來。

CHAPTER 4

無時無刻♥保持正念

情緒，是難以掌控的小傢伙。它可以突然來襲，令人防不勝防。

朋友常說我經常掛着笑臉，看得人身心舒暢，與其苦瓜乾過日子，何不蓮子蓉般讓自己輕鬆快活地過好每一天？

人生苦短，時刻保持正念，驅走負面及不安的情緒，帶着愉悅心情迎接早晨。活着就是希望，共勉之！

情緒與病症

好友聚在家中談人生論生死……不覺間，原來已經是凌晨兩點。

座中一人是著名設計師L，四年前曾經確診左腹有腫塊，幸好屬於很輕微的一種，並不是真正的癌。結果當然是做手術「清理門戶」。他憶述，當被確診得了這個症狀時，主診醫生問他這兩三年間，是否受到很大的情緒壓力。例如離婚？失戀？經濟出現問題？在公司或團體中被鬥個你死我活，令自己夜夜不成眠？

L左思右想，一味搖頭說，自己並沒有情緒上的問題。不過，醫生依然要他仔細把過去三、四年間，曾經發生過的大事再回顧一遍。L依然說沒有，卻忽然想起三年前，作為兩家各不相讓客戶的中間人時，所發生的吃力不討好過程，足足搞了一年多，期間他要分別飛去客戶所處的地方開會，舟車勞頓、絞盡腦汁，夜夜失眠、食不下嚥。到A客戶首肯了，B客戶卻反對；終於，他宣佈自己無能為力，不再繼續這單生意，人就馬上輕鬆了。

醫生指出，他的腫塊就是那期間因情緒壞透種下的，雖然為果斷斬纜不再糾纏而開心了，但腫塊已經在成長了。手術後，他依照醫生吩咐，休息了三個月。

這說明長時間的情緒壓力和精神抑壓，是會搞出病來的。

驅走情緒低落

情緒低落時，當然會引發煩躁、不開心，容易憤怒，更甚者會疑神疑鬼；如果不及時紓緩這些情緒，長此下去，個人心理會變得不平衡，直接影響了家庭生活、社交生活。

人，不僅會孤僻，自信心也會減弱。我們都有情緒周期，正在玩得高興時，忽然情緒會低落起來，對一切失去興趣，有想哭的感覺，或者發脾氣的衝動；這是人之常情，不必害怕。

每當我遇到這種狀況時，我會做深呼吸二十下，然後做「站姿前彎」（隨時隨地都可以找一個角落做），雙腳合併站着，然後把上半身往前傾並彎曲，雙手掌平放在地板上，維持這個動作三十秒。初做者許多時都因為缺乏運動，以致柔軟度不夠彎不下去，那麼可以彎曲膝頭將就。三十秒之後，慢慢站直身來，你胸口那啖悶氣原來已經消失了；人，又可以重新出發。

我每日至少早、午、晚各做一次。練習多了，肌肉變柔軟了，就不必彎曲膝頭。如果你因為工作關係，每天必須坐着八小時，若長時間坐姿不正確，很容易會導致坐骨神經痛，請立即做這個讓脊椎得到紓緩伸展的運動。

持續做「站姿前彎」動作，能伸展肌肉，驅走壞情緒。

不要帶着怨憤睡覺

好朋友自某跨國珠寶公司提早退下火線，原因是太累了。二十年來，每朝打開眼睛就是想着公司的事，開會、應酬、出差是日常主菜，晚上回到家裏就是爬上床睡覺，三更半夜才有精神走進浴室去卸粧、洗面、洗頭，然後淋個熱水浴，再爬上床睡覺去。

三年前疫情來襲，弄得全世界人仰馬翻，恐怕一旦中招了就一命嗚呼，只好躲在家裏開工，卻驚覺健康的重要性；怕賺到的錢連享用的機會都來不及，就走完了一生。何苦呢？她跟自己說。現在的她，正在學習催眠，也學着禪修，如非必要，會謝絕晚上的應酬。

我們問她，經過這兩年多的修行，有甚麼可以跟大家分享的？她說，每一日的公務、私務，都應該在晚上睡覺前完結，抛到腦後，切勿抓着不放。同時，不要帶着怨恨、悲憤等負面情緒去睡覺，因若萬一在睡覺期間逝世的話，這些怨憤、不甘心就會跟着你，陰魂不散。

她的禪修師父說，翌日能夠醒來已經是新的你；所以要開心、要多謝上天給予你的生命得以延續，這麼珍貴的時間、這麼寶貴的生命，絕對不能虛度。

幸福不能享盡

農曆新年過後，開始要吃得清淡一些。我的某一日，餐單是這樣的：中午是魚粥、燒油甘魚骨魚腩；晚餐是煮齋、蒸馬友、炒時蔬。我知道有許多香港人，是逢初一、十五食齋的，甚至按傳統習俗不洗頭。剛過去的元宵這一天新正月十五，吃齋的人就更加要守齋了。我們一般人則依傳統吃得清淡而已，這優良傳統絕對是一種智慧。

中國人每年最歡樂的日子是過年，表達開心的方式就是吃、吃、吃；於是，從年三十晚就一直吃到年十四（今年剛巧是立春日）。如此這般的大魚大肉半個月，到了新十五，又是一年的首個月圓夜，應該為快要不勝負荷的腸胃做點大掃除了吧！是以我們的老祖宗就立了這天為「食得清淡」日，這就是養生；雖然沒有明言，但凡事適可而止，不能毫無節制地下去，飲食如是，生活如是。

宋代法演禪師有「法演四戒」：「勢不可使盡，使盡則禍必至；福不可受盡，受盡則緣必孤；話不可說盡，說盡則人必易；規矩不可行盡，行盡則人必繁。」有風絕不能駛盡艃。

我常把一些嘉言記在心中：「世上所有驚喜和好運，都是你積累的溫柔和善良，把身體照顧好，把喜歡的事做好，把重要的人待好，你要的一切都在路上。」對，世上沒有無緣無故的恨。

苦瓜臉與蓮子蓉

冰心把小孩的笑，稱為天使的笑。因為小孩還未受俗世種種甜酸苦辣的洗禮，所以他們的笑是最清澈無瑕，不帶一點機心的。老人家最愛見到嬰兒、小孩那心花朵朵開的笑臉，特別是嬰孩，說能為家裏帶來好運。

因為嬰孩的眼睛是最純真的，他們的心最為單純澄明、未染塵污，所以在家裏見到的，都是笑盈盈的天使在天花板飛舞，在房間向嬰孩扮鬼臉，逗得他們格格地笑了。孩子長大了，當然也會笑，但都滲着人間世的許多歷練與滄桑。

成年人的笑，包括了笑中有淚、一笑置之、笑傲江湖、一笑泯恩仇、嫣然一笑、捧腹大笑、嘻笑怒罵、莞爾一笑、開懷大笑、皮笑肉不笑、破涕為笑、笑逐顏開……都有着目的，有時候為表示寬容大度，更不能不笑；不過，始終有笑容都是好的。

在這營營役役，有一天過一天的世局中，有笑容總比苦口苦面好。看見笑容等於看見陽光、看見美夢，沒有人會討厭笑容可掬的人；正如俗語說：「伸手不打笑面人」，會笑的人都是樂觀的，遇到困難時，都會比較容易解決。因此，笑會帶來好運，切忌終日掛着苦瓜臉。

月盈月虧看人生

今年農曆十四，夜間的氣溫一點不冷。站在運動場上，猛一抬頭，月正當空，翌日就是農曆十五日了，是月亮圓滿的日子，癸卯年愈發走近了。

想起日前談及昭和年代的國民電影女神高峰秀子，憶述她在電影《斯里蘭卡的愛與別》中有這樣兩句台詞：「在印度比起十五的圓月，人們更喜歡十四的月亮。因為圓月翌日開始會從圓變缺，但十四的月亮第二天會由缺變圓。」接着，「但是，人的一生，從他出生那天開始，就開始在變『缺』，因為人必有一死……只有一生都過得很精采的人會覺得『啊！比活着真好！』」

從缺走向圓，是一種載着希望的冀盼。人生最大的快樂是有冀盼，太美滿了，彷佛路盡了，不知道該怎樣走下去了。佛說，人不可太盡，事不可太盡，凡事太盡，緣分勢必早盡。例如聰明不可以用盡，勢不可以使盡，話不可以說盡，福不可以受盡，受盡則緣必孤。觀天觀地，看月盛月虧原來也可以學習許多人生大道理。

人生之所以精采，不是因為享盡榮華富貴，而是路途上的跌宕高低、成敗得失，都經過了，還有甚麼遺憾的呢？

人生苦短，不能白活

朋友新歲到訪，都是外子醫學院的同學，晚飯後圍着東西南北的閒聊，少不免會談及國際大事和種種傳聞。座中一位朋友帶着欷歔地說：「平凡是福」，我卻衝口說出了一句：「一生平平凡凡，不是白活了嗎？」

總相信任何事的發生、跟任何人遇上必定有它的意義，人海茫茫為甚麼只有你跟他、她碰個正着，縱使來了又去了，也是一份緣。何況世事如棋，給你預知了又如何？更何況不可預知的多。被迫來到這個世界，悲傷的又一日，開心的又一日，都是不平凡的日子。

盼望過平凡日子，也許他、她活得累了，有點招架不住，想退下來休養生息一下；但不要就此放棄，不要讓自己在這世界上白白走一轉，辜負了來得不易的生命。日本著名女演員高峰秀子在她的《我的渡世日記》中，記載了她夫婦二人一段日常對話，當時二人已經五十歲。

秀子有感而發喟歎，都這把年紀了，大去之期不遠了。她丈夫松山善三馬上答道，那就得抓住剩下不多的時間，做好未完成的事，努力做有益的事。

既然生死都不由我們做主，呱呱墮地那一刻開始，也是步向死亡的開始，人生苦短，當然不能白活。

活着就是希望

紐約好友Judy傳來人生金句（其實是六個小故事）給我打氣。看完後，感到好有意思，極富正能量。於是，把它們翻譯成中文，也給大家打打氣。

一、某日，整條村的村民依約定日子到空地上齊集，目的是集體祈禱求雨，當中只有一個男孩帶着雨傘。這就是信心（Faith）。

二、做父親的跟嬰兒耍樂時，很喜歡把嬰兒拋到半空，求一時之快感，嬰兒卻格格大笑一點也不害怕。為甚麼呢？因為他知道無論在甚麼情況下，父親都會抓緊他。這就是信任（Trust）。

三、沒有人能保證自己今晚上床後，翌晨還會不會醒來。在睡夢中長眠的，時有發生，但臨睡前還是一如既往般調校鬧鐘。這就是盼望（Hope）。

四、儘管對未來一無所知，但我們仍然會為明日籌謀。這就是自信（Confidence）。

五、眼見世界苦難處處，但我們依然一往無前，結婚生子。這就是愛（Love）。

六、有位老伯穿了件上面印着：「我不是個八十歲的長者，我是個擁有六十四年人生經驗的十六歲小伙子」的T恤。這是人生態度（Attitude）。

記住快樂地活好每一天，不要讓生命留下遺憾。

後記：感謝你們！

今年雙春兼閏月，喜慶事不絕。身邊友人紛紛傳來喜訊，有的榮升爺爺嫲嫲，薑醋一鍋接着一鍋送來，分享着初生的喜悅。

過一陣子，陸續收到友人致電詢問，究竟如何處理嬰孩濕疹及過敏症問題？坐月時應吃甚麼？產婦可沖涼洗頭嗎？我忽然靈機一觸，這真是個大好課題，與出版社溝通後，今年新書的主題落實了。

為了貼合主題，找來兩位嬰孩當小模特兒，為封面及內頁拍照。拍攝當日清早，一行人先拍攝封面，大家「裝備」齊全——玩具、零食、布娃娃、音樂動畫……施展渾身解數，為的是逗九個月大的晴晴，雖偶有鬧情緒，多謝晴晴爸媽協力幫忙，終於完成任務。另一名三個月大初生兒喬喬，表情多多，非常可愛，謀殺了攝影師不少菲林，拍攝完成後喝奶倒頭大睡。我在此衷心感謝各位爸媽，還有編輯、美指及攝影大哥抓緊拍攝的每分每秒，順利完滿。

進一步增加封面的感染力，city′super 新鮮的蔬果最貼合媽媽的營養飲食需要，city′super 集團總裁 Thomas 二話不說支持我到店拍攝，還有一大籃優質蔬果作拍攝用，謝謝你！

這本書，帶給我不少回憶，是難得的體會。健康的人生由孩提時開始，家人務必留意產後媽媽的身心調適，共同建立一個健康幸福的家。明年龍年是出生的旺年，希望此書獻給各位「準龍爸」及「準龍媽」。

李韡玲

幸福育兒經驗雜談

分享哺育心得♥擁抱身心健康

著者
李韡玲

責任編輯
簡詠怡

裝幀設計
羅美齡

排版
楊詠雯

攝影
梁細權、羅美齡、歐陽珍妮

出版者
萬里機構出版有限公司
香港北角英皇道 499 號北角工業大廈 20 樓
電話：2564 7511　　傳真：2565 5539
電郵：info@wanlibk.com
網址：http://www.wanlibk.com
http://www.facebook.com/wanlibk

發行者
香港聯合書刊物流有限公司
香港荃灣德士古道 220-248 號荃灣工業中心 16 樓
電話：2150 2100　　傳真：2407 3062
電郵：info@suplogistics.com.hk

承印者
寶華數碼印刷有限公司
香港柴灣吉勝街 45 號勝景工業大廈 4 樓 A 室

出版日期
二〇二三年七月第一次印刷
二〇二三年七月第二次印刷

規格
特 16 開（213 mm × 150 mm）

ISBN 978-962-14-7483-4

鳴謝
封面場地：
city'super
Baby Models：
施洛晴、Gaile Ingrid Wong